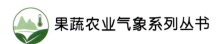
果蔬农业气象系列丛书

甘肃天水"花牛"苹果
气候影响评估

主编：姚小英　王　兴

气象出版社
China Meteorological Press

内 容 简 介

本书系统阐述了天水"花牛"苹果的发展历程、产地环境特点、果实动态生长特性、果品产量和品质与气象因子的相关关系、主要生长期气象灾害发生规律及影响,并重点介绍了果品气候品质认证技术方法,以2个实际案例说明了基于台站观测资料的"花牛"苹果气候品质认证过程,总结了果树生产过程中的果园管理和灾害防御措施。本书旨在宣传"花牛"苹果,打造甘味品牌,提升防灾减灾能力,促进果品产业高质量发展,助力乡村振兴。本书可为农业气象研究及业务人员、涉果企业员工、广大果农开展果品气候品质相关工作、科学管理果园提供参考。

图书在版编目(CIP)数据

甘肃天水"花牛"苹果气候影响评估 / 姚小英,王兴主编. -- 北京:气象出版社,2023.10
ISBN 978-7-5029-8064-1

Ⅰ. ①甘… Ⅱ. ①姚… ②王… Ⅲ. ①苹果-果树园艺-气候影响-评价-天水 Ⅳ. ①S162.5

中国国家版本馆CIP数据核字(2023)第199709号

甘肃天水"花牛"苹果气候影响评估
Gansu Tianshui "Huaniu" Pingguo Qihou Yingxiang Pinggu

出版发行:气象出版社			
地 址:北京市海淀区中关村南大街46号		**邮政编码**:100081	
电 话:010-68407112(总编室) 010-68408042(发行部)			
网 址:http://www.qxcbs.com		**E-mail**: qxcbs@cma.gov.cn	
责任编辑:张 媛		**终 审**:张 斌	
责任校对:张硕杰		**责任技编**:赵相宁	
封面设计:艺点设计			
印 刷:北京建宏印刷有限公司			
开 本:787 mm×1092 mm 1/16		**印 张**:6.5	
字 数:166千字			
版 次:2023年10月第1版		**印 次**:2023年10月第1次印刷	
定 价:50.00元			

《甘肃天水"花牛"苹果气候影响评估》
编委会

主　编：姚小英　　王　兴

副主编：方　锋　　姚延锋

成　员：张　蓓　马　杰　李　瞳　杨　阳

　　　　贾建英　程　亮　梁　芸　王小巍

　　　　王禹锡　王　帆　黄鹏程　马玉龙

天汪1号

超首红

阿斯

俄矮

红五

瓦里

"花牛"苹果主要品种

大奖赛获奖品种

获中国国际农产品交易会金奖、北京市民最喜爱的苹果奖

2020年天水苹果大奖赛"花牛王"

"花牛"苹果所获奖项

前　言

2020年,习近平总书记视察甘肃时指出:"甘肃光照充足,气候干燥,昼夜温差大,非常适合发展现代特色农业,要在规模化、集约化、产业化方面下功夫,发展高附加值的节水农业、旱作农业、设施农业。"

2021年3月,甘肃省委省政府制定了《甘肃省现代丝路寒旱农业优势特色产业三年倍增行动计划》,通过实施计划,实现优势特色产业效益、产量、品质大幅提升。

天水位于甘肃省东南部,地处副热带北缘和青藏高原东部边坡地带,大陆性季风气候特征明显,属暖温带半湿润半干旱气候,具有适宜果树种植的自然环境和气候条件,符合农业部优势苹果区域布局规划和生态指标要求,是中外专家公认的世界苹果最佳优生区之一。

"花牛"苹果是指产于天水地区的元帅系列优良品种苹果。"花牛"苹果栽培区的海拔高度为1000~1600 m,年平均气温8.4~11.8 ℃,年降水量420~560 mm,年日照时数1900~2300 h,果品成熟期昼夜温差大,果肉质细、松脆,汁液多,风味独特,香气浓郁,口感好,品质上乘。天水"花牛"苹果已获得国家地理标志,是中国在国际市场上第一个获得正式商标的苹果品种。

近年来,作为"花牛"苹果的故乡,天水市把发展以苹果为主的果品产业作为振兴农村经济、增加农民收入的主要途径和首位支柱产业。经过50多年的发展,天水"花牛"苹果种植面积不断扩大,品种不断更新,栽植面积已发展到78.35万亩①,占苹果种植面积的63%;产量达142万 t,占苹果总产量的67%;果品重点县区果农收入占农民人均纯收入的50%以上。天水已发展成为全国最大的元帅系苹果生产基地,形成规模种植和品牌效应,具备明显的品牌优势、基地优势和市场优势。

农产品产地气候条件是影响农产品品质的重要因素之一,其中,光照、水分、温度等要素尤为关键。气候条件的优劣决定了农产品的品质,直接影响到经济效益。果品气候品质认证工作,就是通过有气候认证资质的第三方,对影响果品品质的气候条件优劣等级进行评定,利用认证结果对果品和其产地进行标识,为果品贴上"气候身份证",提高果品品牌价值。2017—2018年,天水市气象局与兰州区域气候中心联合开展苹果气候品质认证,为"花牛"苹果增添了新卖点,显著提高了认证区域果品的市场竞争力和产品附加值,尤其利于电商销售,果农收

---

① 1亩≈666.7 m²,下同。

入提高约 10％,社会效益和经济效益显著。

本书的编写旨在让读者更好地了解天水"花牛"苹果的发展历史、掌握果品的生长特性、主产地环境特征、气候品质认证技术方法和评估结果,宣传"花牛"苹果,打造甘味品牌,赋能果品产业提质增效,助力乡村振兴。同时,为农业气象研究及业务人员开展果品气候品质相关工作提供参考。

编者在总结最新科研成果的基础上,参阅了近年来有关研究成果和参考文献,完成撰写工作。本书由姚小英、王兴负责框架拟定;方锋、姚延锋负责审核及编写进度推进;第 1 章天水"花牛"苹果概况由马杰、王帆编写;第 2 章"花牛"苹果产地环境特征由姚小英、贾建英编写;第 3 章第 1 节"花牛"苹果生长适宜的气象条件由马杰编写,第 2 节至第 4 节"花牛"苹果果实生长动态及其与热量条件的关系、水分适宜性变化特征、果品产量品质与气象因子相关性分析由姚小英、王兴、杨阳编写,第 5 节"花牛"苹果生长期主要气象灾害由李瞳、张蓓、梁芸编写;第 4 章评估数据和技术方法由姚小英、张蓓、王禹锡编写;第 5 章基于台站观测资料的评估由张蓓、王小巍、杨阳编写;第 6 章第 1 节果园管理技术由姚小英、程亮编写,第 2 节气象灾害防御措施由李瞳、黄鹏程、马玉龙编写,第 3 节主要病虫害防治措施由程亮、姚小英编写。全书由姚小英、张蓓、王兴校对与统稿。

本书编写工作得到天水市气象局、兰州区域气候中心领导的高度重视和精心指导;天水市果业产业化办公室、天水市果树研究所给予大力支持;天水市气象局吴丽、谢蕊、强玉柱、邓卓雅、高旭东提供了绘图及数据方面的帮助。谨此,向所有关心、支持本书编写工作的各位领导和参与、帮助此项工作的单位和个人致以诚挚的感谢。

由于时间仓促,知识和水平有限,书中难免存在不足和错漏之处,敬请读者不吝指正。

作者

2023 年 7 月

摘　要

本书系统阐述了天水"花牛"苹果概况,产地环境特征,生长过程、产量及品质与气象因子的关系,果品气候品质认证数据和技术方法,基于台站观测资料的"花牛"苹果气候品质认证过程,以及"花牛"苹果生产过程中的主要果园管理和灾害防御措施。

(1)"花牛"苹果概况

"花牛"苹果是指起源于甘肃省天水市麦积区花牛镇花牛村,产于天水地区的元帅系列优良品种苹果。"花牛"苹果风味独特,香气浓郁,品质上乘,为中国国家地理标志产品,是中国在国际市场上第一个获得正式商标的苹果品牌,也是与美国蛇果、日本富士齐名的世界三大著名苹果品牌之一。

(2)"花牛"苹果产地环境特征

天水"花牛"苹果产地地处副热带北缘和青藏高原东部边坡地带,属暖温带半干旱半湿润气候过渡带,四季分明,气候温和,热量充沛,气温日较差大,雨量适中;主产区土层深厚,通透性良好,山塬开阔,果品基地主要分布在渭河及其支流流域。独特的地域优势和气候资源优势,助力"花牛"苹果形成了区域化布局、规模化经营、专业化生产的模式。

(3)"花牛"苹果生长与气象因子的关系

"花牛"苹果生长需要适宜的气象条件,热量、水分、光照等气象因子与"花牛"苹果动态生长量、产量及品质密切相关。①热量条件是影响"花牛"苹果生长的主要气象因子,果实膨大期间平均气温及≥10 ℃积温情况可用来动态监测果品生长量。②"花牛"苹果水分适宜度1980—2010 年平均为 0.52,总体呈下降趋势,基本满足作物需水要求;2011 年以来,水分条件持续变好,水分适宜度为优。③果品产量和品质与气象因子相关性分析表明,花期最低气温及极端最低气温、果实膨大期 6—8 月平均气温、果树主要生长期 5—9 月≥20 ℃积温与气象产量呈显著正相关,含糖量与 7—8 月气温日较差平均值呈显著正相关,含酸量的倒数与 7—9 月平均气温的倒数呈显著负相关,硬度与 7—9 月平均气温的自然对数呈负相关,果形指数与 8月中旬平均日照时数呈显著负相关。④花期冻害、高温、干旱、暴雨、冰雹、连阴雨等气象灾害危害"花牛"苹果生产。

(4)评估数据和技术方法

本书果品气候品质认证所用站点气象资料为 1991—2020 年 4 月 1 日—9 月 30 日("花

牛"苹果花期至成熟期)天水市7县(区)国家自动气象观测站逐日观测数据。站点数据与格点数据的结合,可以使评估过程更科学严谨、评估结果更精确可靠。由于数据和技术限制,本书仅简单介绍了格点数据产品,未开展基于格点数据的气候品质评估。品质资料主要涉及物候期果实膨大量及果品品质、产量的观测。

评估的工作流程为认证申请、认证受理、认证实施、认证后处理及标签发放。"花牛"苹果气候品质认证的具体技术路线为确定认证区域,了解果品基本信息;收集基础资料,分析不同生育期的气候背景;开展田间试验,获取主要生育期和果品品质数据;筛选气候品质指标,建立气候品质等级评价模型;划定等级分区,综合评价等级。"花牛"苹果气候品质评分内容主要包括气候适宜性、当年生长期内气候条件和气象灾害、果园管理水平,对各项评分内容赋予不同权重,采用加权平均法进行评分。

(5)基于台站观测资料的评估

基于天水市7县(区)气象观测站1991—2020年观测资料,对"花牛"苹果主要生长期(4—9月)和不同生育时段气候条件进行分析评估。果品主要生长期平均气温、≥10 ℃积温、降水量呈波动式上升趋势,气温日较差变化总体较为平稳,日照时数总体呈波动式弱减少趋势。花期气温适宜、光照充足、墒情适宜,冻害发生程度一般较轻,有利于"花牛"苹果开花、授粉;幼果期温度适宜、降水充足,为幼果发育提供了良好的气象条件;果实膨大期平均气温、气温日较差、降水量、日照时数均在生长适宜指标范围内,气象条件非常适宜果实膨大;着色期气温适宜,日照充足,气象条件利于苹果含糖量增加和果实着色。2017—2018年,选择麦积区花牛镇二十铺村南山坪及张家川回族自治县(简称张家川县)荣达果品专业合作社两个区域,开展了"花牛"苹果气候品质认证,认定2017年南山坪"花牛"苹果气候品质等级为特优,2018年荣达合作社"花牛"苹果气候品质等级为优。

(6)果园管理及防灾减灾措施

气象条件是影响苹果产量和品质的主要因素,但栽培管理技术、种植模式及投入等综合因素的影响也不可忽视,加强果园管理、做好气象灾害防御措施,能够有效确保不同气象条件下果品的产量和品质。针对"花牛"苹果周年管理、关键生长期及储藏期管理重点,从水肥、修剪、病虫防治等方面,系统介绍了果园管理、病虫害特性及防治措施,并对霜冻、冰雹、高温、干旱、暴雨、连阴雨等主要气象灾害提出具有较强针对性、实用性的防灾减灾措施。

目 录

第 1 章
天水"花牛"苹果概况

1.1 "花牛"苹果的发展历程和荣誉认证

"花牛"苹果,是指产于天水地区的元帅系列优良品种苹果,甘肃省天水市特产,起源于天水市麦积区花牛镇花牛村,为中国国家地理标志产品。"花牛"苹果肉质细、致密、松脆,汁液多,风味独特,香气浓郁,口感好,品质优,是中国在国际市场上第一个获得正式商标的苹果品牌(贾美娟 等,2010)。

1.1.1 名称来历

天水市种植果树有着得天独厚的自然条件。1952 年,在原天水地方委员会农业合作化试点的太京乡建成了天水市第一个苹果山地栽培示范点;同年,与办公地址在陕西省武功县的西北果树研究所合作,在花牛公社花牛寨(今天水市麦积区花牛镇花牛村)建成了又一个苹果山地栽培示范点,这就是"花牛"苹果的最早果园。1965 年,示范点的果树挂果销售,"花牛"苹果首次打入香港市场,在香港国际博览会上,因其色度、果型、肉质、含糖量 4 项指标均优于美国"蛇果"而一举夺魁,享誉全球。这一消息传来,全村人都兴奋不已。同年 9 月 23 日,花牛村果农精心挑选出两箱刚刚采摘的苹果给毛泽东主席寄去,并在装寄苹果的木箱上写下了"花牛"二字,表达对主席的敬仰。主席品尝后,非常喜爱,在家中会见时任甘肃省省长的天水籍著名人士邓宝珊时,用"花牛"苹果招待他,称赞道:"你家乡天水的苹果好吃!"。此后毛主席向花牛村村民致函感谢,信中还夹寄了 44.82 元。花牛村村民将感谢信勒石树碑,永志纪念(马震坤 等,2009)。此后,我国正式以"花牛"作为苹果商标,向国外大量出口。

1.1.2 发展历程

天水市于 1927 年开始种植苹果;1949 年底建立了天水市最早的"河北苗圃";1951 年,全市大面积栽植建园,并在梁家坪实验场进行了"苹果上山"试验。

1956 年,天水市麦积区甘里铺乡花牛寨(现花牛镇花牛村)从辽宁省熊岳镇引进"红元帅""金冠""国光"等 10 个苗木品种,在技术人员的指导下,10 个苗木品种均育植成功,其中,"红元帅"以色、形、味俱佳而冠压群芳。

1965 年,花牛村培育的"花牛"首次运至香港试销,香港办事处将"花牛"卖给英国贸易商,英国贸易商又转销给美国贸易商,几经品尝,"花牛"苹果异彩初放,轰动一时。当时香港报纸说:中国的西北地区有个"花牛国",生产最优质的苹果,果型、肉质、含糖量等各项指标均优于美国的王牌苹果"蛇果",并压倒世界各国名牌苹果,经香港市场评比,中国"花牛"苹果夺得了世界王牌称号。世界各国贸易商均与中国出口办事处签订了 3 年合同购买"花牛"苹果。

1974 年,国家外贸部、林业部正式确定天水为六大苹果外销产地之一。

1987 年,中国农业科学院果树研究所新红星开发组发表的《对我国新红星苹果栽植区划和初步意见》一文中提到:天水所产的"花牛"苹果,在香港国际市场上售价很高,为我国出口苹果中信誉最高、数量最多的一个出口商品。

天水"花牛"苹果的品种也在不断更新,20世纪50年代后期,苗木来源于辽宁,主要品种为"国光""红元帅""黄元帅""青香蕉""红玉"等。20世纪60—70年代栽植品种相对集中,主栽品种为"国光""红元帅""红冠""红星",约占全市苹果的55%。20世纪80年代至90年代后期,主栽品种以元帅系的"红星""红冠""新红星""首红""天汪一号""第四代首红""银红""艳红"等为主,约占全市苹果的55%。进入21世纪,果业被确立为天水农业四大支柱产业之首,苹果产业进入迅速发展阶段,栽植品种以元帅系短枝型"第三代天汪一号""第四代首红""第五代俄矮""阿斯""栽培2号""瓦里"等为主(张莲英 等,2019)。

2005年,麦积区着眼产业结构调整、改善区域生态环境,依托"花牛"苹果品牌,结合苹果产业发展基础,建成了南山万亩"花牛"苹果生产基地。到2020年完成建园15万亩,已发展成为甘肃省规模最大的优质"花牛"苹果示范性生产基地,为农业部和科技部现代农业示范基地。

1.1.3 获得荣誉

天水"花牛"苹果自1965年出口香港,与美国"蛇果"竞争取胜以来,屡获殊荣。新品种的引种和新技术的推广使"花牛"苹果在保持原有"老三红"风采的同时,以其色艳味醇、果形高桩、五棱突出、营养丰富的特色再次在国内外市场走红。1985年以来,天水"花牛"苹果多次获"全国优质农产品"称号。

1989年12月荣获"农业部优质农产品证书"。

1993年在泰国曼谷"中国优质农产品展览会"获金奖。

1994年在"全国林业名特优新产品博览会"获金奖。

1996年在"甘肃省名优特林果产品鉴评会"获金奖。

2004年在首届"中国深圳国际水果及技术展览会"上,荣获"水果状元""最受深港地区消费者喜爱的系列水果品牌""2004-SFT推荐十大果品品牌"。

2006年9月,在"北京奥运推荐果品暨中华名果评选"活动中,天水"花牛"苹果"栽培2号""阿斯""超首红""天汪一号"4个品种被评为北京奥运推荐果品一等奖,同时荣获"中华名果"称号。

2007年10月,在山东栖霞举办的全国优质苹果评选活动中,"花牛"苹果荣获中国苹果著名品牌奖;"俄矮2号""首红""新红星""瓦里短枝"4个苹果品种荣获中国优质苹果金奖,"天汪一号"荣获中国苹果新优品种奖。"花牛"苹果被中国果品流通协会评为"中国苹果著名品牌"。

2008年,在北京奥运会推荐果品中,天水市"花牛"系列苹果共获得12个奖项。

2009年,在西安举办的全国苹果年会上,天水麦积区花牛镇被授予"全国百强乡镇"称号。

2016年10月20日,国家工商总局认定"'花牛'苹果"为"中国驰名商标"。

2018年,"天水'花牛'苹果"商标申请为国家地理标志证明商标。

"花牛苹果"已连续7届荣登中国果品品牌价值榜,在"2023年第八届中国果业品牌大会"上,天水市"花牛苹果"品牌以55.51亿元的品牌价值荣登"2022果品区域公用品牌价值榜",位列全国103个上榜果品品牌第14位。

1.1.4 生产现状

2003年以来,天水市按照国家和省市要求,大力推广苹果无公害生产技术,各县(区)认真贯彻执行市政府下发的《天水市苹果无公害生产技术规程》等 9 个标准,甘谷县白家湾乡康家坪村、秦州区放牛村等 17 个无公害苹果基地,被市政府正式命名为"市级无公害果品示范基地",其中 5 个完成国家 A 级绿色质量认证和产地质量环境检测认证。

"花牛"苹果经过 50 多年的发展,种植面积不断扩大,品种不断更新。近年来,天水市始终坚持把果品产业作为脱贫攻坚产业扶贫、农民持续稳定增收的主导产业来抓,把发展以"花牛"苹果为主的果品产业摆在农业四大主导产业的首要位置,以贯彻落实"甘肃省现代丝路寒旱农业优势特色产业三年倍增行动计划"为契机,深入实施"4+2"农业产业振兴行动,按照"因地制宜、适地适树、规模发展"的原则,提前谋划、及时部署、夯实推进,全市果品基地建设工作超额完成各项具体任务。据天水市果业产业化办公室统计,2021 年,天水市苹果种植面积 124 万亩,挂果面积 106 万亩,产量 212 万 t,其中,"花牛"苹果种植面积 78.35 万亩,产量 142 万 t,产值 35.8 亿元。

1.1.5　品质优势

天水地区独特的地理和气候资源条件下生长出的苹果,与其他国家和地区所产苹果相比,色、味、形俱佳。"花牛"苹果与美国"蛇果"的内在品质相比,可溶性固形物含量高 1.4%,含糖量高 1.86%,含酸量低 0.08%。其顶端突出的五棱和高达 0.9~1.0 的果形指数、果实表面百分之百的鲜红艳丽色泽、12.5%~15.0% 的可溶性固形物含量、浓郁的香味和甜脆的口感,向世界充分展示了她独特的外部特征和优良的内在品质(姚佩萍,2016)。

1.1.6　发展优势

1.1.6.1　气候优势

天水"花牛"苹果栽培区的年平均气温为 8.4~11.8 ℃,年降水量为 420~560 mm,1 月中旬平均气温为 -3.1 ℃,年极端最低气温大于 -30 ℃,6—8 月平均气温为 19.8~23.4 ℃;海拔高度在 1000~1600 m,年日照时数在 1900~2300 h,8—10 月昼夜温差达 9.7~11.0 ℃。由于土层深厚,光照充足,果品膨大期和成熟期昼夜温差大,非常有利于果品糖分的积累,是中外专家公认的世界苹果最佳优生区,按照农业部《苹果优势区域发展规划》中苹果生态适宜指标衡量,上述气候指标均达到苹果最适宜区标准。

1.1.6.2　技术支撑优势

天水市有市县两级果树推广科研机构 9 个,其中天水市果树研究所为我国知名的地级科研机构,先后主持和协作完成国家、省、市科研、技术推广和开发项目(课题)124 项,有 91 项成果获省市级奖励,选育的"天汪一号"苹果是甘肃省第一个自选自育成功的元帅系短枝型优良品种。近年来,天水市坚持市县乡三级联动,每年举办各类果树栽培技术培训班 500 多期,培训果农 5 万多人次。年举办市级培训班 2~3 期,培训果树技术骨干 300 多人次。截至 2021 年,累计评定果树农民技师 355 名、农民技术员 1.3 万名。

1.1.6.3　产业基础优势

天水市农业人口占总人口的 87% 以上,有 146 万农业生产劳动力,农民素有栽植苹果的传统习惯,在长期的生产过程中积累了丰富的栽培技术和果树管理经验。近年来,市县认真贯彻落实中央和省市关于"三农"工作的一系列重大决策部署,聚力巩固脱贫攻坚成果,扎实推进乡村振兴,大力发展果品产业,特别是把做大、做强、做优以"花牛"苹果为主的果品产业作为加快发展现代农业、助推乡村振兴的首位产业,通过政府引导、市场运作、社会参与,采用"龙头企业＋合作社＋基地＋农户"的发展模式,全力推进果品产业标准化、规模化、集约化发展。

2021年,全市共有果品营销企业258家,市级以上果品营销龙头企业128家,其中国家级2家、省级49家、市级77家。培育果品电商营销企业53家,建成天水果品销售网站500多家;建成各类果蔬专业市场95个,其中农业部定点批发市场4个、产地批发市场55个、农村集贸市场24个,气调库76座,机械制冷库863座,果品贮藏能力超90万t,年交易量240万t以上、交易额50多亿元;同时组建了长城果汁饮料有限公司、天水德盛果蔬进出口公司等一批有实力的龙头企业。

1.2 "花牛"苹果特性

1.2.1 品质特点

苹果的主要品质因子有成熟期果实硬度、可溶性固形物含量、糖酸度分布、果形指数等要素。天水所产优质"花牛"苹果平均单果重260 g左右;可溶性固形物含量12.5%～14.0%;可滴定酸0.20%～0.36%;去皮果肉硬度6.5 kg/cm²。果实呈圆锥形,全面鲜红或浓红,色泽艳丽,色相片红或条红色,果实着色度90%～100%;果个整齐,果面光滑、亮洁;果形端正高桩、五棱突出明显,果形指数0.9～1.0;果肉呈黄白色,肉质细、致密、松脆,汁液多,风味独特,香气浓郁,口感好(天水市果业协会,2013)。

1.2.2 功能及经济价值

1.2.2.1 营养价值及功能

"花牛"苹果不仅含有丰富的糖、维生素和矿物质等大脑必需的营养素,而且富含锌等微量元素,营养价值高于其他苹果。

检测表明,天水"花牛"苹果鲜果可溶性糖含量约7.13%、可溶性固形物含量13.04%、果肉花青苷含量11.15 mg/kg、维生素C含量110.7 mg/kg、固酸比73.85%,均高于国内其他产区同类果实品质指标(图1.1)。天水"花牛"苹果鲜果的主要香气物己酸乙酯、己醛、4-烯丙基苯甲醚和反式-2-己烯醛的含量分别为2.720 mg/kg、0.678 mg/kg、0.051 mg/kg和0.641 mg/kg,比国内其他产区同类果实分别高1239.9%、13.0%、27.5%和25.4%(图1.2),果实中钾、钙等矿物质养分的含量也非常丰富(陈建军 等,2021)。

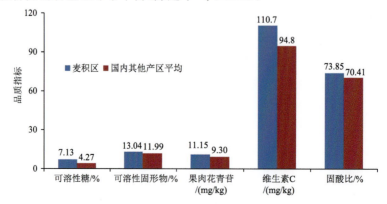

图1.1 麦积区"花牛"苹果与国内其他产区同类果实品质指标对比

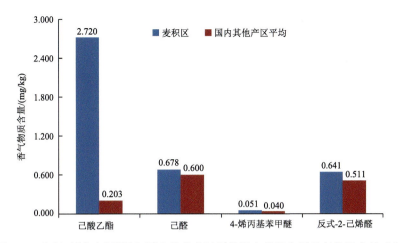

图 1.2　麦积区"花牛"苹果与国内其他产区同类果实鲜果主要香气物质含量对比

"花牛"苹果具有很高的药用价值,其性微酸,甘平,无毒,入脾胃两经,具有生津开胃、消痰止咳、退热解毒、补脑助血、安眠养神、润肺悦心、和脾益气、润肠止泻、帮助消化等功效。

(1)降血脂、降血压

"花牛"苹果不仅能够降低血脂,而且由于果品中含有丰富的钾,可将体内过量的钠置换并排出体外,从而降低血压,保护血管,降低动脉硬化、冠心病、脑血管病的发生率。

(2)稳定血糖

"花牛"苹果中有大量的膳食纤维,一个"花牛"苹果的膳食纤维含量可补充身体一天需求的1/5,吃"花牛"苹果时细嚼慢咽,能增加饱腹感,避免过量饮食。另外,苹果的甜味进入血液后,可以提高胰岛素工作水平,对稳定血糖有很大好处。

(3)治疗抑郁

"花牛"苹果含有多种可以直接被神经系统吸收的微量元素和维生素,香气浓郁,食用以后,能调节神经,放松心情,减少抑郁症状出现。早在多年以前专家就证实"花牛"苹果的香气对人类的心理影响明显,能缓解人的压抑情绪,对抑郁症状有很好的治疗和缓解作用。

(4)减轻女性孕期反应

"花牛"苹果除含有丰富的糖和大量的维生素之外,还有一定的酸性物质,特别适合女性孕期食用,不仅能提供多种营养成分,还能减少孕期反应,特别是对女性怀孕初期出现的孕吐有明显的缓解作用。英国学者研究发现,怀孕时多吃"花牛"苹果,生下的孩子更健康,罹患百日咳或哮喘的危险更小;同时,"花牛"苹果还可减少患肺病的危险。

(5)增强记忆

"花牛"苹果有"智慧果""记忆果"的美称。研究发现,多吃"花牛"苹果有增强记忆的效果。常吃"花牛"苹果可以促进乙酰胆碱的产生,有助于神经细胞间信息传递,可以有效防治老年痴呆、记忆力减退等问题。

(6)抗癌、防便秘

"花牛"苹果是苹果中抗氧化剂活性最强的品种,具有抗癌的功效;果内的胶质能吸收大量的水分,可以把消化后的残渣软化,防止便秘。

1.2.2.2　经济价值

天水"花牛"苹果经过 50 余年的精心打造,实现了基地大发展、产业大聚集、品牌大提升,千家万户、集中连片的苹果已成为实现增收富民、助力脱贫攻坚的主导产业和重要支撑,以"花牛"苹果为主的特色果品产业已成为全市脱贫致富的支柱产业。麦积区南山万亩"花牛"苹果基地已发展壮大至 15 万亩,果品产量达 22 万 t,总产值 6 亿元,人均果品纯收入 8716 元,所产优质苹果获日本 JAS、美国 NOP、欧盟 EEC 三项有机农产品标准认证,被许多中外专家和营销商认为是可与美国"蛇果"、日本"富士"齐名的世界三大著名苹果品牌,是国内唯一可与美国"蛇果"相抗衡的苹果品牌。

"花牛"苹果果农采取的主要销售渠道是市场零售和批发卖给外地客商、微商以及互联网平台。"花牛"苹果成熟期比"红富士"早一个月,成熟采摘期正值我国中秋节和国庆节,可满足节日市场需求,深受各地销售商和消费者喜爱,具有较强的市场竞争力,价格高、销路畅。除全国各大中城市外,还通过外贸及民间贸易畅销我国香港以及泰国、印度、东南亚及俄罗斯等 30 个国家和地区。

由于天水"花牛"苹果具备明显的品牌优势、价格优势和市场优势,在国内市场和东南亚、俄罗斯市场销售中独占鳌头,有非常巨大的市场空间。

1.3　影响"花牛"苹果品质的主要生长期

"花牛"苹果的生长期包括萌芽期、新梢生长期、开花期、花芽分化期、果实生长期。其中影响品质的主要生长期有开花期、果实生长期(图 1.3)。

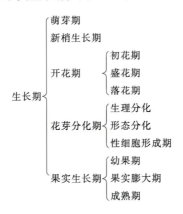

图 1.3　"花牛"苹果生长期

1.3.1　开花期

开花期指从花朵开放,雌蕊、雄蕊从花被中暴露出来,至完成授粉受精、花朵凋谢的一段时间。果树的开花期分为初花期、盛花期和落花期。一般以全树 5%～25% 花朵开放时为初花期,25%～75% 花朵开放时为盛花期,大量花瓣脱落至落尽为落花期。

"花牛"苹果一般在 3 月下旬花芽膨大,4 月进入开花期(表 1.1),每个花芽有花 3～8 朵,且中心花先开。由于苹果树是异花授粉果树,大部分品种自花不能结实,正常果实有 5 个心室,每个心室有 2 粒种子,在果实发育过程中,种子分泌激素刺激果肉生长。

苹果开花期通常受品种、环境、土壤、果园管理和气象条件等影响,就相同地段、同一品种的苹果来说,气象条件是影响苹果开花期年际波动的主要因素。如开花期气象条件适宜、低温冻害等气象灾害影响较小,则利于花期授粉受精、种子充实饱满,为果形的形成打下良好基础。

表 1.1　1991—2020 年天水市"花牛"苹果萌芽与开花平均、最早、最晚物候期(秦州区中梁镇,海拔高度① 1623 m)

"花牛"苹果	萌芽期		开花期	
发育期	花芽膨大	花芽开放	初花	盛花
平均物候期	3 月 31 日	4 月 2 日	4 月 14 日	4 月 20 日
最早物候期	3 月 23 日	3 月 26 日	4 月 5 日	4 月 12 日
最晚物候期	4 月 11 日	4 月 13 日	4 月 26 日	5 月 1 日

1.3.2　果实生长期

在正常气候条件下,天水"花牛"苹果果实发育期需 135～155 d。果实的生长呈"S"形曲线,全过程分为 3 个时期(天水市果业协会,2013;姚小英 等,2017)。

1.3.2.1　纵径生长大于横径生长期

此期从盛花后到 6 月下旬,历时约 50 d。期间细胞分裂迅速,表现为果实的纵径伸长快。纵径平均日生长量为 0.65 mm,完成总生长量的 52.2%,此期果实日增长量纵径大于横径。

1.3.2.2　横径快速增长期

自 6 月下旬开始到 8 月末,随着细胞增大,果实日增长量横径大于纵径,横径平均日增长量为 0.46 mm,占生长量的 45.6%。

1.3.2.3　熟前增长期

自 8 月末至果实成熟前的 20 d,果实生长还有一个小高峰,其果实增加的重量约占总重量的 15%。果实全面着色,糖分增加,风味增进,到 9 月中下旬基本停止生长。

从"花牛"苹果果实生长动态曲线看,纵径的快速生长是在最初的细胞分裂期。果实细胞分裂是从花原始体形成后开始,直至开花坐果后的 30 d 左右。这一段时间内,花芽的进一步分化、果实细胞的分裂以及开花、坐果所需的营养物质,完全依赖树体的贮存营养。因此,当年坐果的多少、果个的大小、果形端正与否主要取决于上一年的管理水平、气象条件和贮藏营养的多少;同时果实色泽和可溶性固形物也是果品质量的重要指标,苹果着色的好和差与糖分的积累、矿物质的协调、气象条件等均有关系。

1.3.2.4　成熟期

"花牛"苹果 9 月进入成熟期,成熟期的优质果有以下特点:

(1)果个适中、果形端正

果个在 200～280 g,均匀一致,果形端正,果顶五棱突出明显,果形指数在 0.9～1.0。

(2)果形靓丽、色泽浓红

果面着色面积达 100%,即全红至浓红,果面洁净亮丽,蜡质层厚,无损无锈、无病虫斑、无污点等瑕疵。

---

①　海拔高度简称海拔。

（3）果肉脆嫩、香甜多汁

果肉呈淡黄色，可溶性固形物含量在 12％～14％，香气浓，肉细，质松脆，果实硬度在 6.5 kg/cm² 以上，口感好。

（4）营养保健、卫生安全

果实中富含人体必需维生素、矿物质等营养素。农药残留等有害物质含量符合绿色食品标准。

第 2 章
"花牛"苹果产地环境特征

　　天水市气候温和,四季分明,热量充沛,气温日较差大,雨量适中,具有适宜"花牛"苹果生长的独特地域优势和气候资源优势,全市 5 县 2 区均有种植,除秦安、武山、张家川外,其余各县(区)种植面积均在 10 万亩以上,主要分布在渭河及其支流流域的河谷和浅山区域,海拔高度 1000～1600 m(图 2.1);已建成以麦积、甘谷、秦州、清水、秦安 5 个县(区)为主的优质"花牛"苹果生产基地 78.35 万亩(表 2.1),形成区域化布局、规模化经营、专业化生产的模式。

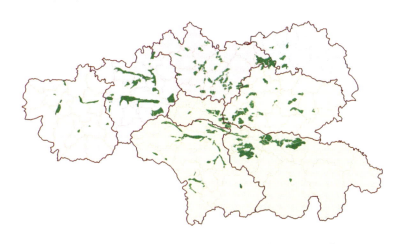

图 2.1　天水市"花牛"苹果种植分布(绿色为种植区域)

表 2.1　2021 年天水市各县(区)"花牛"苹果种植面积、产量及产值

地点	面积/万亩	产量/万 t	产值/亿元
天水市	78.35	141.92	35.79
秦州区	13.78	23.55	5.14
麦积区	20.66	33.47	8.70
清水县	10.46	20.40	4.28
秦安县	8.43	10.34	3.34
甘谷县	20.04	45.36	11.72
武山县	3.39	6.15	1.96
张家川县	1.59	2.65	0.65

　　高产、优质、高效、安全是现代农业的标志,无公害果品和绿色果品生产是果品发展的方向。天水地区气候和地理优势得天独厚,是无公害和绿色果品的理想生产区域。果品基地主

要分布在渭河及其支流流域,基本没有工业污染,农业灌溉用水为自然降水或没有污染的地下水,紫外线照射强,病虫害发生少而轻,大面积推广使用高效低毒、低残留生物肥料等新技术(张莲英 等,2019)。据监测,天水市大气、土壤、水质等各项指标符合国家无公害和绿色食品生产的环境要求。2004 年,"花牛"苹果通过国家绿色食品发展中心监测认证,获准使用 A 级绿色食品标志(张莲英 等,2019)。

2.1 区域气候特征

2.1.1 天水市气候概况

天水"花牛"苹果产地地处副热带北缘和青藏高原东部边坡地带,大陆性季风气候特征明显,属暖温带半干旱半湿润气候过渡带。区域四季分明,冬长夏短,四季的气候特点是:冬季干冷,但寒冷适中;春季冷暖多变,易发生春旱;夏季温湿,但无酷暑,易发生伏旱和强对流天气;秋季降温迅速,秋温低于春温,降水变率大,秋季连阴雨和秋旱常易出现。城区累年(1991—2020 年)平均气温为 8.4(张家川)~11.8 ℃(秦州)(图 2.2),极端最高气温为 34.4~38.5 ℃,极端最低气温为－25.5~－17.4 ℃;年平均降水量为 423.4(武山)~561.7 mm(清水),自东南向西北逐渐减少(图 2.3),南部山区及关山山区年平均降水量在 600 mm 以上,渭北地区大部不及 500 mm,降水年际变化大,年最大降水量为 866.8 mm,全年降水量的 50%以上集中在苹果果实膨大期到成熟期的 7—9 月;年平均蒸发量为 1293.3~1629.0 mm;年日照时数为 1900~2300 h;全年平均无霜期为 160~200 d。

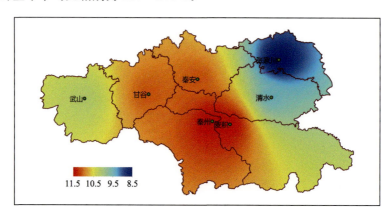

图 2.2　1991—2020 年天水市年平均气温分布(单位:℃)

2.1.2 主产区气候概况

2.1.2.1 秦州区气候概况

秦州区处于暖温带半湿润半干旱气候过渡地带,以温和半湿润区为主。年平均气温为 11.8 ℃,藉河谷地年平均气温为 12.0 ℃左右,西南高寒山区年平均气温为 6.0 ℃左右,极端最高气温为 38.2 ℃,极端最低气温为－17.4 ℃。无霜期日数为 160~267 d,平均无霜期日数为 200 d。

年平均降水量为 493.6 mm,降水年际变化大,最大年降水量为 809.6 mm,最小年降水量为 321.8 mm,年平均相对湿度为 67%。

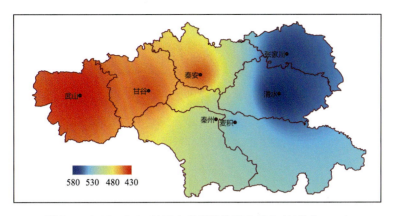

图 2.3　1991—2020 年天水市年平均降水量分布(单位:mm)

太阳年总辐射量为 5534.48 MJ/m²,年日照时数为 1896.7 h,日照百分率为 43%。

本区四季分明,冬冷干燥,雨雪稀少;夏热无酷暑,雨热同季,最高月平均气温出现在 7 月,与降水量最多时段一致,降水集中在 6—9 月(图 2.4);春季升温快,冷暖多变,易发生倒春寒;秋季降温迅速,秋温低于春温,常出现连阴雨天气。4—8 月为全年日照最多的时段(图 2.5)。

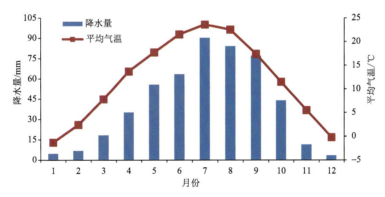

图 2.4　1991—2020 年秦州区各月平均气温和降水量分布

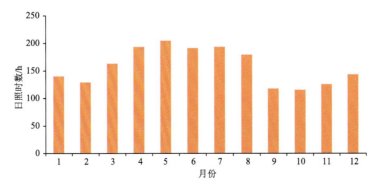

图 2.5　1991—2020 年秦州区各月日照时数分布

由于受季风气候影响,年际降水相对变率大,一年四季中相对变率平均超过 25%,月季变率超过 35%。夏季降水集中且强度大,易发生强对流天气。年际间气象条件变化引起霜冻、干旱、冰雹、洪涝等灾害时有发生,使果品生产遭受不同程度损失。

本区最适合种植"花牛"苹果的乡镇有:玉泉镇、太京镇、关子镇、藉口镇、皂郊镇、平南镇、天水镇、汪川镇、中梁镇、华岐镇、大门镇等。

2.1.2.2 麦积区气候概况

麦积区大部属温暖半湿润区,年平均气温为 11.7 ℃。渭河河谷东部年平均气温为 12.0 ℃左右,南部山区年平均气温为 7.0 ℃左右,极端最高气温为 38.5 ℃,极端最低气温为 −17.6 ℃。无霜期日数为163~232 d,平均无霜期日数为 199 d。

年平均降水量为 521.4 mm,年最大降水量为 817.3 mm,年最小降水量为 324.7 mm,年平均相对湿度为 69%。

太阳年总辐射量为 5467.48 MJ/m²,年日照时数为 1997.0 h,日照百分率为 46%。

境内四季分明,冬冷但无严寒,降水少,空气相对干燥;春季温暖,易发生倒春寒和春旱;夏季炎热,但无酷暑,雨热同季。月平均最高气温出现在 7—8 月,与降水量最多时段一致,降水集中在 6—9 月(图 2.6),易发生伏旱;秋季骤冷骤热,降温迅速,秋旱与连阴雨易交替出现。4—8 月为全年日照最多的时段(图 2.7)。

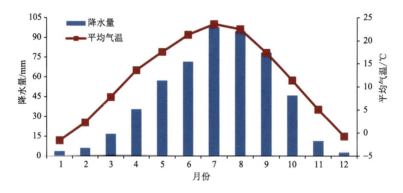

图 2.6　1991—2020 年麦积区各月平均气温和降水量分布

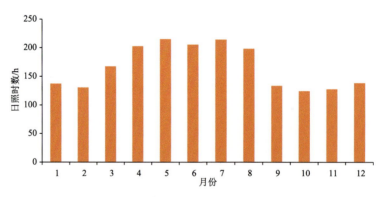

图 2.7　1991—2020 年麦积区各月日照时数分布

一年中易出现霜冻、干旱、冰雹、暴雨、低温阴雨等灾害,给果品生产带来较大危害。

本区最适合种植"花牛"苹果的乡镇有:花牛镇、伯阳镇、元龙镇、社棠镇、马跑泉镇、甘泉镇、渭南镇、中滩镇、新阳镇、石佛镇、琥珀镇等。

2.1.2.3 甘谷县气候概况

甘谷县地处温带半湿润半干旱区,属大陆性季风气候。冬季寒冷干燥而无严寒,多西北风;夏季高温湿润但无酷暑,盛行东南风,四季比较分明;7月气温最高,12月气温最低,降水主要集中在 6—9 月(图 2.8)。

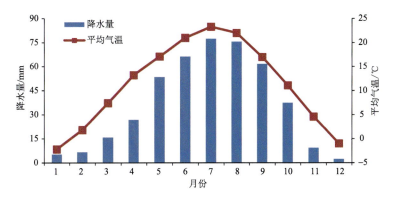

图 2.8 1991—2020 年甘谷县各月平均气温和降水量分布

年平均气温境内 11.3 ℃,渭河河川区东部 10.8 ℃,南部山区不足 5.0 ℃。极端最高气温 38.0 ℃,极端最低气温 −17.7 ℃。无霜期日数 150～215 d,平均无霜期日数 189 d。

年平均降水量 437.6 mm,年最大降水量 635.0 mm,年最小降水量 300.5 mm。年平均相对湿度 69%。

太阳年总辐射量 5458.68 MJ/m²,年日照时数 2090.8 h,日照百分率 48%;各月日照时数均在 100 h 以上(图 2.9)。

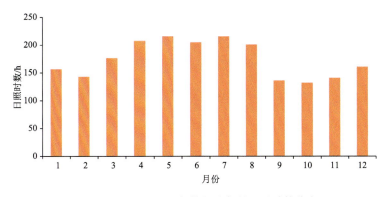

图 2.9 1991—2020 年甘谷县各月日照时数分布

霜冻、干旱、冰雹、暴雨等各类气象灾害时有发生,其中尤以干旱、霜冻对果业生产影响最重。

甘谷县最适合种植"花牛"苹果的乡镇有:白家湾乡、磐安镇、安远镇、八里湾镇、新兴镇、西坪镇、大石镇、谢家湾乡、礼辛镇、大像山镇等。

2.1.2.4 秦安县气候概况

秦安县属温带半湿润半干旱气候区,气候温和,四季分明,日照充足,降水较少,干旱频繁,具有夏季无酷暑,冬冷无严寒,冬干夏湿的温带大陆性季风气候特色。冬季空气干燥,雨雪稀少,多晴朗天气;春季天气变化剧烈,降水变率大,春旱时有发生;夏季光照强,气温高,降水集中,雨热同季,因降水不均常有伏旱发生;初秋多阴雨,秋末降水少,降温快(图2.10)。

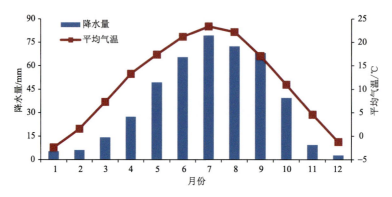

图2.10 1991—2020年秦安县各月平均气温和降水量分布

年平均气温境内为11.3 ℃,葫芦河川谷区为10.0 ℃以上,高山区不足7.0 ℃。极端最高气温为37.9 ℃,极端最低气温为−18.9 ℃。无霜期日数为148~225 d,平均无霜期日数为186 d。

年平均降水量为439.1 mm,年最大降水量为713.1 mm,年最小降水量为293.0 mm。年平均相对湿度为66%。

太阳年总辐射量5583.66 MJ/m²,年日照时数1951.8 h,日照百分率46%;3—8月日照时数在150 h以上,其余各月在100~150 h(图2.11)。

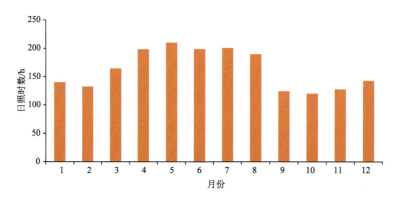

图2.11 1991—2020年秦安县各月日照时数分布

主要气象灾害有干旱、冰雹、暴雨、霜冻、低温阴雨等,其中危害最大、频次最高的是干旱,其次是霜冻、冰雹。

秦安县最适合种植"花牛"苹果的乡镇有:兴国镇、陇城镇、莲花镇、郭嘉镇、西川镇、刘坪镇、魏店镇、五营镇、叶堡镇、安伏镇、王窑镇、云山镇、王尹镇、兴丰镇等。

2.1.2.5 武山县气候概况

武山县属温带大陆性半湿润半干旱季风气候区。冬冷而无严寒,夏热而无酷暑,四季冷暖干湿分明。冬季气候干冷、雨雪稀少;春季天气多变,骤热骤冷,易发生春旱;夏季气温高,降水集中,雨热同季,易发生伏旱;秋季气温速降,阴雨日多,但秋旱频率高。降水主要集中在5—9月,期间月平均气温在15.0 ℃以上(图2.12)。

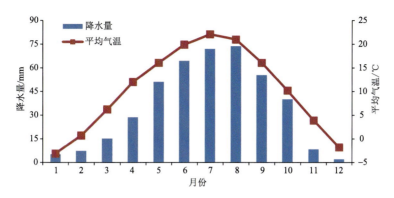

图 2.12　1991—2020 年武山县各月平均气温和降水量分布

年平均气温境内 10.3 ℃,渭河河川区东部 10.0 ℃左右,南部山区低于 5.0 ℃。极端最高气温 37.0 ℃,极端最低气温−17.5 ℃。无霜期日数 171～242 d,平均无霜期日数 200 d。

年平均降水量 423.4 mm,年降水变率大,年最大降水量 603.1 mm,年最小降水量 242.7 mm。年平均相对湿度 66%。

太阳年总辐射量 5547.46 MJ/m²,年日照时数 2234.4 h,日照百分率 50%;除 10 月外,各月日照时数均在 150 h 以上(图 2.13)。

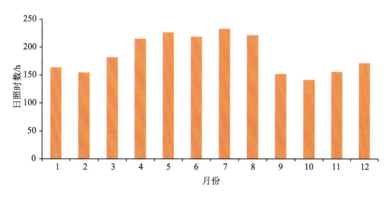

图 2.13　1991—2020 年武山县各月日照时数分布

主要气象灾害有霜冻、干旱、冰雹、暴雨等。

武山县最适合种植"花牛"苹果的乡镇有:洛门镇、鸳鸯镇、四门镇、马力镇、咀头乡等。

2.1.2.6　清水县气候概况

清水县地处温带半湿润区,属大陆性季风气候,气候温凉湿润。冬季干冷少雨(雪);春季回暖快,但气候多变;夏季温热多雨,易发生强对流天气,7—8 月降水量达 100 mm 以上;初秋多阴雨,秋末降温快(图 2.14)。

年平均气温境内 9.5 ℃,西南部 10.0 ℃以上,东北部山区不足 5.0 ℃。极端最高气温 36.2 ℃,极端最低气温−23.7 ℃。无霜期日数 142～257 d,平均无霜期日数 178 d。

年平均降水量 561.7 mm,年最大降水量 866.8 mm,年最小降水量 396.3 mm。年平均相对湿度 71%。

太阳年总辐射量 5404.61 MJ/m²,年日照时数 2116.7 h,日照百分率 46%;各月日照时数均在 130 h 以上(图 2.15)。

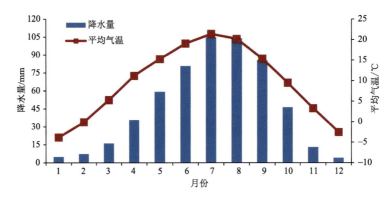

图 2.14　1991—2020 年清水县各月平均气温和降水量分布

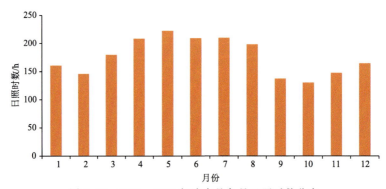

图 2.15　1991—2020 年清水县各月日照时数分布

　　主要气象灾害有霜冻、冰雹、暴雨、低温阴雨、干旱。

　　清水县最适合种植"花牛"苹果的乡镇有:永清镇、红堡镇、金集镇、远门镇、土门镇、郭川镇、贾川乡、丰旺乡等。

2.1.2.7　张家川回族自治县气候概况

　　张家川回族自治县除西部为半湿润半干旱区外,大部分地方属温凉湿润区,四季划分不明,大部分地方无明显夏季,春秋两季相连,冬季长,降水少,气候寒冷干燥;春季回暖快,多大风,气候干燥,骤冷骤热;夏季不炎热,但降水集中,强对流天气时有发生;秋季降温快,湿度大,日照少,阴雨日多;5—9 月各月降水量均在 50 mm 以上,期间月平均气温高于 10.0 ℃(图 2.16)。

　　年平均气温境内 8.4 ℃,其中清水河川区 8.0 ℃左右,东部关山山地不足 6.0 ℃。极端最高气温 34.4 ℃,极端最低气温-25.5 ℃。无霜期日数 110~201 d,平均无霜期日数 160 d。

　　年平均降水量 547.7 mm,年最大降水量 824.4 mm,年最小降水量 382.0 mm。年平均相对湿度 66%。

　　太阳年总辐射量 5394.12 MJ/m²,年日照时数 2051.1 h,日照百分率 48%;2 月及 9—11 月各月日照时数低于 150 h,其余各月日照充足,均在 150 h 以上(图 2.17)。

　　主要气象灾害有霜冻、冰雹、暴雨、大风、低温阴雨和干旱等。

　　张家川回族自治县最适合种植"花牛"苹果的乡镇有:张川镇、龙山镇、木河乡、大阳镇、川王镇等。

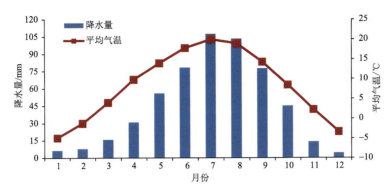

图 2.16　1991—2020 年张家川回族自治县各月平均气温与降水量分布

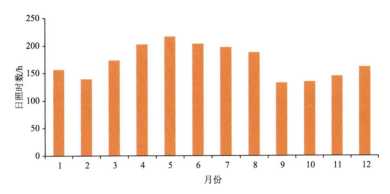

图 2.17　1991—2020 年张家川回族自治县各月日照时数分布

2.2　区域地形地貌特征

天水位于甘肃省东南部,地处陕西、甘肃、四川三省交界(104°35′~106°44′E,34°05′~35°10′N)。境内山脉纵横,地势西北高,东南低,海拔高度在 1000~2100 m,市区平均海拔高度为 1100 m。天水地貌区域分异明显,东部和南部因古老地层褶皱而隆起,形成山地地貌;北部因受地质沉陷和红黄土层沉积,形成黄土丘陵地貌;中部小部分地区因受纬向构造带的断裂,形成渭河地堑,经第四纪河流分育和侵蚀堆积,形成渭河河谷地貌。

天水地跨长江、黄河两大流域,以西秦岭为分水岭,北部地区为黄河水分的渭河流域,面积 11673 km²,占全市总面积的 81.49%;南部地区为长江水分的嘉陵江流域,面积 2652 km²,占全市总面积的 18.51%。境内渭河流长约 280 km,沿河接纳流域面积 1000 km² 的支流有榜沙河、散渡河、葫芦河、藉河、牛头河。嘉陵江的主要支流有白家河、花庙河、红崖河等,流程较短,水量丰沛。

自 1986 年开始,天水地区大力推广山地苹果丰产栽培技术。随着果品产业的快速发展,"花牛"苹果栽植的地域逐渐由河谷川道地向山地扩大。在适宜栽培区内,选择交通便利、土层深厚肥沃,有一定灌溉条件,排水良好,背风向阳或浅山台地建园,改良土壤,将山坡地整修成梯田或台阶园,秋季深翻扩穴,合理间作,蓄水保墒,实施测土配方施肥(张莲英等,2019)。

2.3 区域土壤特征

天水地区北部为黄土梁峁沟壑区,渭河及其支流横贯其中,形成宽谷与峡谷相间的盆地与河谷阶地。土壤在河流和沟谷区为冲积、洪积物形成的淤淀土、草甸土,经过开垦耕种熟化而形成以黄绵土、黑垆土、褐土为主的耕作土壤。

"花牛"苹果对土壤有广泛的适应性,天水大部分地区土壤种类为黄绵土、黑垆土、褐土、棕壤、褐土、黄棕壤等,均适宜其生长。主要生产区土层深厚,通透性良好,山塬开阔。深厚疏松的土壤,利于渗水、透气及根系向深层发展(张莲英 等,2019)。"花牛"苹果园址一般选在背风向阳、土层深厚、地下水位 80 cm 以下、排水良好、盐碱地较轻的地块,坡度为 5°~20°。

近年来,天水市大力提倡苹果园种草覆草,种植白三叶草或覆麦草、玉米秆等,快速提高有机质含量,改善土壤理化性质,降低土壤 pH;有效指导果农科学培肥,根据土壤肥力状况及果树不同生育阶段,合理测土配方施肥,减轻土壤污染,有效提高了土壤的保水保肥能力(张莲英等,2019)。

第 3 章
"花牛"苹果生长与气象因子的关系

3.1 "花牛"苹果生长适宜的气象条件

3.1.1 热量条件

"花牛"苹果树是喜冷凉干燥的温带果树,要求冬无严寒,夏无酷暑。生长季节(4—10月)平均气温 12.0~18.0 ℃,全生育期需≥10.0 ℃积温 2900~4000 ℃·d。冬季极端低温不低于−30.0 ℃,需要 7.2 ℃以下低温 1200~1500 h,才能顺利通过自然休眠;如冬季温度高,不能满足休眠所需低温时,春季发芽不齐。夏季(6—8月)平均气温不高于 23.0 ℃,若大于 26.0 ℃,则花芽分化不良;热量不足也不利于花芽分化,果小而酸,色泽差,不耐贮藏。秋季白天气温高、夜间低时,果实含糖量高、着色好、果皮厚、果粉多、耐贮藏。

苹果根系生长的最适温度为 7.0~20.0 ℃,气温≥5.0 ℃芽膨大,10.0~12.0 ℃芽开放并展叶,14.0~16.0 ℃开花,授粉最适温度为 15.0~21.0 ℃,>27.0 ℃时花粉发芽力减弱。果实迅速膨大生长期(7—8月)适宜气温为 19.0~23.0 ℃,果实成熟前糖分转化积累期(9月上中旬)平均气温为 14.0~18.0 ℃,着色期最适温度为 14.0~18.0 ℃,气温日较差>8.0 ℃时利于糖分积累(姚小英 等,2017)。

3.1.2 水分条件

"花牛"苹果性喜干燥气候,全生育期需水量为 490~640 mm,平均需水量约为 550 mm,以花芽分化期和果实膨大期需水量最大。在建园选地时,必须考虑到灌溉条件和保墒措施,同时也要注意雨季排水。

3.1.3 光照条件

"花牛"苹果为喜光果树,年需日照时数为 2000~2300 h,不同生育时段,需光差异较大(姚小英 等,2017)。日照不足,则引起一系列反应,如枝叶徒长、软弱、抗病虫能力差,花芽分化减弱,营养贮存减少,开花坐果率降低,果实含糖量低,着色差,根系生长也会受到影响。

3.2 "花牛"苹果果实生长动态及其与热量条件的关系

3.2.1 试验观测

观测地点:分别在麦积区南山万亩"花牛"苹果基地南山坪(海拔 1250 m)和兴旺山(海拔 1414 m)各选 1 个果园,果园管理规范,有灌溉条件,种植"花牛"苹果品种为"瓦里"。

观测时段:2014—2016 年。

观测项目:果树物候期、果实纵横径、单果重。

观测方法:苹果树物候期主要包括萌芽期、开花期、果实膨大期和果实成熟期;果实发育时间进程以果树开花后天数表示。南山坪与兴旺山两地海拔高度相差 164 m,两地果树物候期相差 4 d 左右。按照《农业气象观测规范》(中国气象局,1993),从苹果开花结束,幼果开始形成到成熟每 10 d 测量一次纵横径、单果重,每次选定果树东西南北 4 个方位果品 10 个,共计40 个,编号挂牌,实地观测果品纵横径大小,相应方位每次取 30 个样品进行单果重测量。果径测量使用精度为 0.1 mm 的游标卡尺,单果重测量使用 JA5003 电子天平(精度为 0.001 g);相应时段温度、降水量、光照、土壤湿度等气象资料取自安装于果园内的两套果林环境自动监测系统(精度为 0.001),与观测果树间的直线距离小于 1 m。

3.2.2　数据处理

采用 SPSS 统计软件进行数据计算、分析及模型拟合,采用 Excel 作图。

3.2.3　果实生长动态变化特征

3.2.3.1　果径

苹果果实生长要经过幼果形成期、果实膨大期和成熟期 3 个主要阶段。南山坪果园苹果观测起始日期为幼果形成初期的 5 月 5 日,结束日期为果实成熟期的 9 月 25 日;兴旺山果园观测起始日期为幼果形成初期的 5 月 9 日,结束日期为果实成熟期的 9 月 30 日。根据 2014—2016 年观测资料,分别对两地果径变化过程进行拟合,结果见图 3.1 和表 3.1。

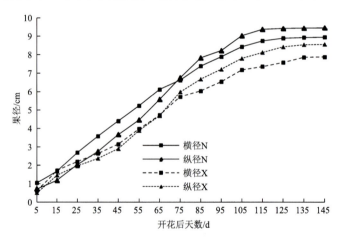

图 3.1　不同海拔高度果园苹果果径增长变化

注:N 为南山坪(海拔 1250 m),X 为兴旺山(海拔 1414 m)

由此可见,两地果树花后 5～145 d(即幼果形成初期至成熟期),果实果径累积生长量变化过程均符合 Logistic 曲线特征,即

$$W(t)=\frac{D}{1+e^{a+bt}} \tag{3.1}$$

式中,t 为 5 月 5 日—9 月 30 日的旬序数,即 5 月 5 日 $t=1$、5 月 15 日 $t=2$、…、9 月 30 日 $t=15$。W 为果径累积生长量,a、b、D 为系数,两地各拟合方程的复相关系数均>0.98,通过了0.01 水平的显著性检验。

从模拟结果来看,两地果径生长随时间均具有明显的"S"形变化特征。通过对果径生长模拟方程的 2 次求导,得出果径最大增长速率及其对应果实发育时间,结果见表 3.1。由表可见,南山坪横径增长最快的时间出现在果树花后 47 d,即 6 月 17 日,极大值为 4.48 cm/(10 d);纵径增长最快的时间出现在果树花后 50 d,即 6 月 20 日,极大值为 4.53 cm/(10 d),横径增长最快时间比纵径提前 3 d;兴旺山横径增长最快时间为果树花后 48 d,即 6 月 22 日,极大值为 3.94 cm/(10 d),纵径增长最快时间为花后 51 d,即 6 月 26 日,极大值为 4.28 cm,横径极大值出现时间比纵径提前 4 d。与"富士"苹果生长初期纵径大于横径的生长特点不同,"花牛"苹果幼果生长初期,果肉细胞的分裂和数量的增多主要体现在横径的增长,7 月上中旬之后,纵径开始大于横径,最终形成"花牛"苹果顶端五棱凸出的外形特点。两地纵横径增长速率极值的出现时间相差 4 d 左右,与物候相差天数基本一致。果园生长管理环境调查分析表明,两地光照条件相差较小,均有滴灌设施,果树品种及水肥等管理条件一致,说明因海拔高度不同导致的温差是造成果径生长差异的主要因素。

表 3.1　苹果果径增长的 Logistic 模拟方程

地点	方程	相关系数	速率极大值/(cm/(10 d))	生长最快时间
南山坪(N)	$W_h = 8.93/[1+\exp(2.4993-0.4738t)]$	0.9886**	4.48	6 月 17 日
	$W_z = 9.56/[1+\exp(2.1988-0.4126t)]$	0.9953**	4.53	6 月 20 日
兴旺山(X)	$W_h = 7.88/[1+\exp(2.4967-0.4162t)]$	0.9947**	3.94	6 月 22 日
	$W_z = 8.56/[1+\exp(2.1665-0.3786t)]$	0.9875**	4.28	6 月 26 日

注:W_h 为横径累积量(cm),W_z 为纵径累积量(cm)。t 为 5 月 5 日—9 月 30 日的旬序数,即 5 月 5 日 $t=1$、5 月 15 日 $t=2$、…、9 月 30 日 $t=15$。** 表示相关系数通过 0.01 水平的显著性检验。

3.2.3.2　单果重

从模拟结果来看,两地单果重变化随果实发育进程也呈 Logistic 曲线特征。单果累积重量变化的"S"形曲线模拟相关系数>0.99,通过 $P<0.01$ 水平的显著性检验。通过对模拟方程的 2 次求导,得出单果累积重量增长速率极大值及对应果实发育时间,结果见表 3.2。由此可见,南山坪为果树花后 66 d,即 7 月 6 日,重量增长极大值为 147.5 g/(10 d);兴旺山为果树花后 70 d,即 7 月 10 日,重量增长极大值为 140 g/(10 d)。从图 3.2 可以看出,单果重量的增长速率呈现抛物线状,拟合曲线方程为 $y=-0.0601x^2+0.9171x-0.5373$,$R^2=0.5768$,通过 $P<0.01$ 水平的显著性检验。

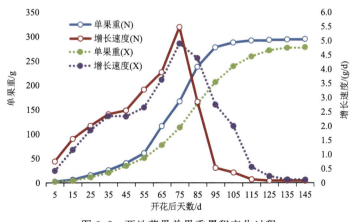

图 3.2　两地苹果单果重累积变化过程

注:N 为南山坪(海拔 1250 m),X 为兴旺山(海拔 1414 m)

表 3.2 单果重量累积 Logistic 模拟方程

地点	方程	相关系数	速率极大值/(g/(10 d))	生长最快时间
南山坪(N)	$W_g=295/[1+\exp(5.02138-0.6796t)]$	0.9926**	147.5	7月6日
兴旺山(X)	$W_g=280/[1+\exp(5.0156-0.5778t)]$	0.9942**	140.0	7月10日

注:W_g为单果重量,单位:g。** 表示相关系数通过 0.01 水平的显著性检验。

3.2.4 果实生长阶段划分

天水"花牛"苹果主产区于 5 月上旬苹果幼果开始形成,9 月下旬成熟收获,果实发育期为 135～155 d。为了把观测及模拟结果与生产实践结合,提高果园管理精细化水平,根据果实果径、单果重增长特征,将果实整个膨大生长期划分为 4 个阶段,如图 3.3 所示。第 1 个阶段为幼果出现至果实迅速膨大前期,在花后 5～45 d(即 5 月上旬至 6 月中旬),平均为 40 d 左右,此期为果肉细胞分裂阶段,果实纵径平均增长速率为 0.81 cm/(10 d),横径平均增长速率为 1.36 cm/(10 d),单果重平均增长量占总增重量的 13%,与实际观测相对应的日期南山坪在 5 月 5 日—6 月 10 日,兴旺山在 5 月 10 日—6 月 15 日。第 2 个阶段为果肉细胞迅速增大期,在花后 45～80 d(即 6 月中旬至 7 月中旬),平均为 30 d 左右,此期为果实密度增长的高峰时段,纵径平均增长速率为 1.0 cm/(10 d),横径平均增长速率为 0.58 cm/(10 d),单果重平均增长量占总增重量的 54%,与实际观测相对应的日期南山坪在 6 月 12 日—7 月 13 日,兴旺山在 6 月 15 日—7 月 15 日。第 3 个阶段为果肉细胞缓慢增长期,此期果实细胞分裂数目减少,果实膨大主要依靠细胞体积膨大,同时,果实除正常的光合积累外,还要把之前累积的碳水化合物转化成酸、糖及色素等成分,果实增大相对较缓慢,但时段较长,在果树花后 80～130 d(即 7 月下旬至 9 月上旬),平均在 50 d 左右,果实纵径平均增长速率为 0.38 cm/(10 d),横径平均增长速率为 0.22 cm/(10 d),单果平均增长量占总增重量的 31%,与实际观测相对应的日期南山坪在 7 月 25 日—9 月 7 日,兴旺山在 7 月 29 日—9 月 11 日。第 4 阶段为果肉细胞成熟期,在花后 130～145 d(即 9 月中旬至下旬),平均为 20 d 左右,此期苹果生长量随气温降低明显减少,果实

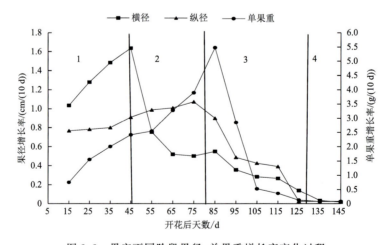

图 3.3 果实不同阶段果径、单果重增长率变化过程

注:第 1 阶段为幼果出现至果实迅速膨大前期;第 2 阶段为果肉细胞迅速增大期;第 3 阶段为果肉细胞缓慢增长期;第 4 阶段为果肉细胞成熟期

糖分含量增加,密度减少并趋于稳定,果实纵径及横径平均增长速率均<0.1 cm/(10 d),单果平均增长量占总增重量<1‰,果实已成熟,基本停止生长。

3.2.5 果实生长与热量条件的关系分析

3.2.5.1 平均气温

对 2014—2016 年果实生长阶段 5 月 5 日—9 月 30 日逐旬热量因子与果实生长量进行相关性分析,结果表明,旬平均气温及日平均气温≥10 ℃积温是影响果实膨大生长的主要热量因子。

果实在 4 个发育阶段对热量条件的要求不同。分析南山坪和兴旺山平均气温及果实增长量,果实第 1 阶段平均气温为 15.6~16.1 ℃,第 2 阶段平均气温为 21.8 ℃,第 3 阶段平均气温为 23.3~23.6 ℃,第 4 阶段平均气温为 16.3~16.7 ℃。统计分析表明,果实在 4 个生长阶段虽然所需温度不同,果实增长量差异明显,但各阶段单果重增长量与旬平均气温之间均呈显著相关关系($R_{0.05}=0.5529,R_z=0.7586,R_z>R_{0.05};R_g=0.6687,R_g>R_{0.05}$)。相应回归方程为

$$南山坪:\Delta W=-3.8218+0.2812\overline{T} \tag{3.2}$$
$$兴旺山:\Delta W=-3.6659+0.2538\overline{T} \tag{3.3}$$

式中,ΔW 为单果重增长量(g),$\overline{T}$ 为旬平均气温(℃)。

分析计算得出不同海拔高度苹果果实膨大期适宜温度分别为,南山坪适宜下限温度为 14 ℃,上限温度为 32 ℃;兴旺山适宜下限温度为 13 ℃,上限温度为 30 ℃。计算表明,南山坪适宜温度在 14~32 ℃,兴旺山适宜温度在 13~30 ℃,与两地实测气温资料基本相同。综合考虑认为,两地果实膨大期的适宜温度在 14~30 ℃。

3.2.5.2 积温

果实增大要求一定的积温。积温条件对苹果的生长、发育、产量和品质都产生重要影响(余优森 等,1999)。统计分析表明,果实在 4 个生长阶段的果径和单果重与累积积温的关系均符合"S"形曲线特征。模拟结果为

$$W_z = 9.45/[1+\exp(1.8239-1.9958\times10^{-3}\sum T)] \tag{3.4}$$
$$W_h = 8.95/[1+\exp(1.8189-1.9826\times10^{-3}\sum T)] \tag{3.5}$$

式中,W_z 为果实纵径(cm),W_h 为果实横径(cm),T 为果实生长期日平均气温≥10 ℃积温(℃·d)。检验表明,方程拟合效果较好,能够较准确地反映苹果果实幼果至成熟期间果径随积温变化的增长过程。

$$W_g = 294.8235/[1+\exp(3.6239-2.96675\times10^{-3}\sum T)] \tag{3.6}$$

式中,W_g 为果实单果重(g),T 为果实生长期日平均气温≥10 ℃积温(℃·d)。检验表明,方程拟合效果较好,能够较准确地反映苹果果实幼果至成熟期间重量累积随积温变化的增大过程。

对式(3.6)进行二次求导,并令 $d^2W_g/dT^2=0$,得出果实果径增长最快时所需累积积温,纵径为 $T=913.9$ ℃·d,横径为 $T=917.4$ ℃·d,此期在 6 月 20 日前后,为苹果花后 50 d 左右;苹果重量增加最快时所需累积积温 $T=1221.51$ ℃·d,此期在 7 月 6 日前后,为苹果花后 66 d 左右。所得时间与前面分析的果径及单果重增长极大值时间基本吻合,说明果实生长的第 2 个阶段(即果肉细胞迅速增大期)是水分、养分需求的最关键时期。

3.2.6 结论与讨论

（1）天水"花牛"苹果果径及单果重增长过程符合 Logistic 曲线，果实生长具有明显的时间特征、极值变化和增长规律。幼果生长初期，横径大于纵径，7 月上中旬之后，纵径开始大于横径。果径极大值出现在 6 月中下旬，单果重极大值出现在 7 月上中旬。平均气温与单果重量增长量相关关系显著；不同生长阶段果实增长变化特征以及≥10 ℃积温与果径、单果累积重量的"S"形曲线拟合结果均表明，果实生长的 4 个阶段中第 2 阶段为果径增长、重量增多的高峰时段，果径增长最快时期为果树花后 50 d 左右；重量增加最快时期为花后 66 d 左右，时间在 6 月中旬至 7 月上旬。据文献（康士勤，2009；天水市果树研究所，2014），6 月苹果正处于果实的迅速膨大期、花芽分化期和新梢迅速生长发育期，是果树养分需求的最大时期，本研究结果与此吻合。此期加强果园水肥、病虫害、夏季修剪等管理至关重要。应及时追施叶面肥及植物营养液，提高叶片光合效率，促进果实膨大及花芽分化，提高果品产量及品质。

（2）本研究使"花牛"苹果生长随热量因子变化的定量化评估成为可能，果实膨大期间平均气温及≥10 ℃积温情况可用来动态监测果品生长量，结合气象部门发布的短期气候预测，进而为苹果产量及品质预报提供依据。根据有关研究（李子春 等，1998；王进鑫 等，2000），苹果在不同生长阶段对水分的需求不同，且光、温、水的不同组合均会影响果实的膨大生长。因此，在实际应用时，还应结合当地气候因子的匹配及果园土壤墒情综合考量。

（3）热量条件是影响"花牛"苹果生长的主要气象因子。本试验研究选定的热量因子是果实生长期以 10 d 为时长的平均气温及积温。事实上，自 20 世纪 90 年代以来，陇东南气候变暖明显（姚小英 等，2008），苹果主要生育期遭遇极端天气气候事件的概率增大，这些灾害性天气过程持续时间往往很短，对平均温度或积温影响较小，但会对苹果生长造成严重影响。受灾情资料及产量资料获取难度限制，本研究未涉及寒潮、晚霜冻、冰雹、暴雨等极端天气气候事件导致的气象灾害对果树生长的影响，研究结果的精准性和普适性会受到一定影响。在使用模型定量化评估果实增长随气象因子的变化时，应根据所受气象灾害的影响情况作进一步改进和修订。

（4）气象条件是影响苹果产量品质的主要因素，但是，也不可忽视土壤、栽培管理技术、种植模式及投入等综合因素的影响。同时，由于本研究仅在所选果园进行，试验收集资料有限，难免有一定局限性。在有条件的情况下，应开展多点长时间序列的综合性试验研究，对发展苹果产业和建立外销基地更有指导意义。

3.3 "花牛"苹果水分适宜性变化特征

运用天水"花牛"苹果主产区 1981—2020 年气象资料及 1998—2020 年物候资料，利用 Penman-Monteith 公式及作物系数（Allen et al.，1998）建立了估算果树水分利用程度的水分适宜度计算模型（姚小英 等，2015），计算了 1981—2020 年果树全生育期及各生育阶段的水分适宜度。

3.3.1 果树水分适宜度年际变化

1981—2010 年，"花牛"苹果水分适宜度总体呈下降趋势（图 3.4）。水分适宜度年平均值为 0.52，降水基本满足作物需水。苹果水分适宜度以 0.0033/a（$R=0.1137$，$P>0.01$）的线性趋势降低；20 世纪 80 年代水分适宜度最好，21 世纪 10 年代最差，为 0.50 以下，果树生理需水未能得到有效供给。2011—2020 年随降水量增加水分适宜度显著提高,适宜度上升为 0.78,较 1981—2010 年增长了 49%,较 2001—2010 年增长了 58%。2011 年以来,"花牛"苹果生长的水分条件持续变好,水分适宜度为优。

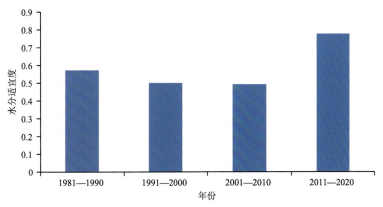

图 3.4　1981—2020 年"花牛"苹果全生育期水分适宜度年际变化

3.3.2　不同生育阶段水分适宜度变化

3.3.2.1　初始生长阶段

　　"花牛"苹果在不同生育阶段对水分的需求不同。初始生长阶段为春季(4—5 月)的萌芽至开花期,占全生育期的 25%,此阶段叶芽、花芽萌芽,温度开始回升,果树生长发育虽然对水分的需求相对较少,但若水分不足,则会延迟萌芽期或萌芽不整齐,影响新梢生长;花期干旱引起落花落果,花期缩短,受孕时间减少,孕花质量降低,坐果率减少。计算结果表明,1981—2010年,苹果初始生长期降水偏少年份居多,特别是 4 月春旱发生频次较高,果树水分适宜度不及0.5,且呈下降趋势,花期生长受水分胁迫较大;2011 年以来,春季降水量明显增多,水分适宜度显著上升,平均值达到 1.035,说明近 10 年来水分供给能够很好地满足花期生长的需求(图 3.5)。

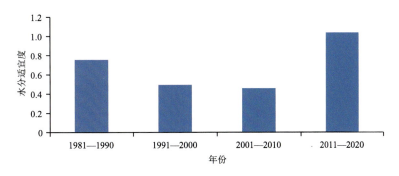

图 3.5　1981—2020 年"花牛"苹果初始生长阶段水分适宜度变化

3.3.2.2　旺盛生长阶段

　　"花牛"苹果旺盛生长阶段为夏季(6—8 月)的果实膨大生长期,占全生育期 50%。此期为果树产量形成的关键时段,水分需求敏感,如供应不足,会导致幼果脱落,果实产量形成受阻,产量低、品质差。40 年变化表明,20 世纪 80 年代水分适宜度最高,为 0.67,90 年代最低;2001—2020 年基本无变化,为 0.57(图 3.6)。总体来说,果树旺盛生长期处于当地降水量最多时段,水分适宜度较好。特别是进入 21 世纪后,水分适宜度较 20 世纪 90 年代明显提升,降水对果树生长的满足程度得到有效改善。

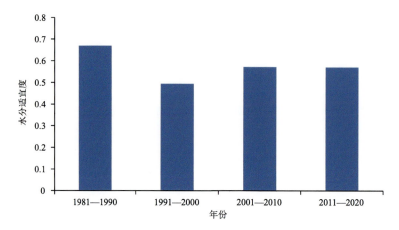

图 3.6 1981—2020 年"花牛"苹果旺盛生长阶段水分适宜度变化

3.3.2.3 生长后期阶段

"花牛"苹果生长后期为 9 月的成熟收获期。此期果树对水分的需求迅速减少,但由于处于夏末初秋,是苹果产区雨水较多的一个时段,充沛的降水利于土壤蓄水,但如遇有连阴雨,土壤过饱和,果园出现渍害,极易造成烂果、裂果及病害滋生,影响果品产量及品质。计算结果表明,水分适宜度自 1981 年以来,呈逐年代上升趋势,平均适宜度在 1.0 左右,水分条件总体适宜果树生长(图 3.7)。但需要指出的是,夏末初秋多雨期搞好果园开沟排水,并注意病虫防治是保障"花牛"苹果优质增产的有效途径之一。

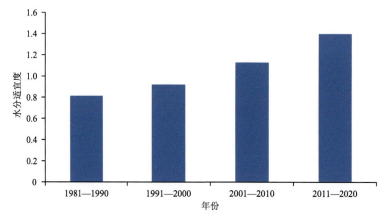

图 3.7 1981—2020 年"花牛"苹果生长后期阶段水分适宜度变化

3.3.3 讨论

利用水分适宜度计算模型,对"花牛"苹果进行水分适宜性评估,是基于不同发育阶段水分适宜性的平均状况,未考虑暴雨等短时较强降水造成的涝灾渍害影响。同时,果树生长是一个连续过程,前一个生长阶段剩余的水分也可以通过土壤调节为后一个阶段所利用,模型未能考虑这部分降水量的影响。同时,一地光、温、水的不同组合也会影响水分的有效利用。结合当地气候因子匹配及果园土壤墒情情况,水分适宜性评估的效果会更好。

3.4 果品产量和品质与气象因子相关性分析

3.4.1 产量与气象条件相关性分析

3.4.1.1 产量与气象因子的相关性

"花牛"苹果产量的高低及品质的优劣是衡量栽培环境适宜性的关键指标。通过对1981—2016 年苹果产量与温度、降水、光照因子的相关性分析,结果表明,花期 4 月最低气温及极端最低气温、果实生长期和迅速膨大期 6—8 月平均气温、果树主要生长期 5—9 月日平均气温≥20 ℃积温与苹果产量存在显著正相关,降水量和日照时数相关性不显著,表明降水与光照条件基本适宜,能满足果实生长需求。剔除不相关因子,建立"花牛"苹果气候产量预测方程(姚小英 等,2018)。

$$y = -97.2489 + 5.1245\overline{T}(4\text{—}5) + 1.8276\overline{T}(6\text{—}8) + 0.0218\sum T \tag{3.7}$$

式中,y 为苹果气候产量(kg/hm²),$\overline{T}(4\text{—}5)$、$\overline{T}(6\text{—}8)$ 分别为 4—5 月、6—8 月平均气温,$\sum T$ 为 5—9 月≥20 ℃积温。

$R = 0.5183$,$F = 7.10$,$F_{0.01} = 4.94$,$F > F_{0.01}$ 检验结果表明,方程拟合效果较好。

据研究,自 20 世纪 90 年代以来,陇东南气候变暖明显(姚小英 等,2008),苹果全生育期水分适宜度均呈下降趋势(姚小英 等,2015)。水分条件虽然不是影响苹果产量的主导因素,但暖干气候导致 4 月至春末 5 月高温干旱加重,春季降水量不足依然成为苹果生长发育的主要限制因素。同时,春季果树花期气温波动较大,特别是由晚霜冻造成的强降温对产量造成较大影响。如天水市 2006 年 4 月 12 日出现的极端低温冻害,清晨地面最低气温降至 0 ℃以下,2 d 平均气温降幅达到 10 ℃以上,对苹果产量造成极大影响。据调查,天水市果树研究所苹果减产 20%,"元帅系"7.2%的苹果果实出现"霜环病",21.3%的果实出现果面粗糙、裂果畸形,果形指数比未发生冻害的果实下降 8.9%。

3.4.1.2 果实累积重量与积温的相关性

"花牛"苹果单果累积重量的变化是反映最终产量高低的主要因素。2014—2016 年在南山苹果基地的果实动态生长试验分析表明,单果重量与≥10 ℃积温相关性显著,二者相关关系可用"S"形曲线描述,见公式(3.8)。

$$W = 294.8235/[1 + \exp(3.6239 - 2.96675 \times 10^{-3}\sum T)] \tag{3.8}$$

式中,W 为平均单果(g),T 为≥10 ℃积温。检验表明,方程拟合效果较好,能够较准确地反映苹果果实从幼果到成熟期间的重量积累过程。同时,计算得出单果累积重量增加最快时所需≥10 ℃的累积温度为 1221.51 ℃·d,为苹果幼果形成后 66 d 左右。

3.4.2 品质与气象条件相关性分析

含糖量、含酸量、硬度、果形指数、着色度是表征"花牛"苹果品质的主要指标。分析研究表明,1981—2016 年,"花牛"苹果随气候变暖含糖量逐渐上升、含酸量及硬度下降,果品总体品质呈下降趋势。20 世纪 80 年代果品含糖量、含酸量和硬度指标平均值分别为 14.2%、0.22%

和 8.5 kg/cm²,品质优良,可口性好;20 世纪 90 年代分别为 14.6‰、0.19‰和 7.5 kg/cm²,2000—2016 年分别为 14.7‰、0.18‰和 7.2 kg/cm²,与 20 世纪 80 年代相比,含糖量增加 0.5 个百分点,线性上升速度为 0.019 kg/(cm² · a)(R=0.0182,P<0.01);含酸量下降了 0.4 个百分点,线性下降速度为 0.0015(R=0.2161,P<0.01),硬度下降了 1.3 kg/cm²,线性下降速度为 0.05 kg/(cm² · a)(R=0.5067,P<0.01)。与 20 世纪 90 年代相比,含糖量增加了 0.1 个百分点,线性上升速度为 0.006 kg/(cm² · a)(R=0.0182,P<0.01);含酸量下降了 0.1 个百分点,线性下降速度为 0.006(R=0.2161,P<0.01);硬度下降了 0.3 kg/cm²,线性下降速度为 0.02 kg/(cm² · a)(R=0.5067,P<0.01)(图 3.8)。品质变化的主要时期为 20 世纪 90 年代,21 世纪以来,品质变化减缓。据研究,20 世纪 90 年代是"花牛"苹果产区气温增幅最高的时段(姚小英 等,2008)。

可见,"花牛"苹果品质的变化主要缘于温度的增高,表现最为明显的是硬度下降。硬度不足,口感棉软,不耐贮运,对果品产业的进一步发展造成不利影响。

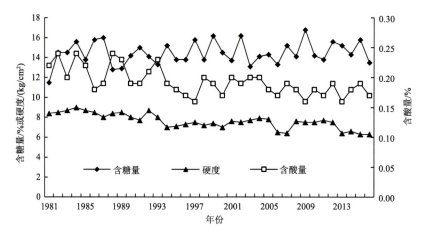

图 3.8 1981—2016 年"花牛"苹果品质年际变化

3.4.2.1 含糖量

综合考虑光照、水分、热量对含糖量的影响及各单因子影响,通过逐步回归分析及相关性检验,筛选出影响含糖的主要气象因子为热量因子。果实生长随温度的增高迅速膨大,但并不是热量条件愈好,果实含糖量愈高。据研究(刘灿盛 等,1987),含糖量与果实主要生长期(5 月至 9 月上旬)≥10 ℃积温呈二次曲线变化关系,含糖量最高值出现在≥10 ℃积温 2700～2800 ℃ · d 时段,积温≥2800 ℃ · d 之后,含糖量呈下降趋势。7 月为全年气温最高月份,年极端最高气温及高温时段主要集中出现在 7 月下旬,温度过高,不利可溶性固形物的积累。相关分析表明,苹果含糖量与果实快速膨大期 7 月平均气温呈负相关,与果实缓慢生长期 8 月平均气温呈正相关,与 7—8 月气温日较差平均值呈显著正相关。

$$T'=8.0125+0.5603\overline{T}_8-0.7664\overline{T}_7+0.9959\overline{T}_{d7-8} \qquad (3.9)$$

式中,T' 为苹果含糖量(‰),$\overline{T}_8$、$\overline{T}_7$、$\overline{T}_{d7-8}$ 分别为 8 月平均气温、7 月平均气温、7—8 月气温日较差平均值。

$R=0.5669,F=5.2592$,检验结果表明,方程拟合效果较好。

3.4.2.2 含酸量

相关分析表明,光、热、水等因子中,影响含酸量的主要气象因子为热量条件,与降水及日照关系不密切。含酸量随 7—9 月平均气温的升高而降低,其倒数分别与 7—9 月平均气温的倒数呈显著负相关。

$$1/S=10.0748-61.4542/\overline{T}_7-15.7146/\overline{T}_8-29.0428/\overline{T}_9 \tag{3.10}$$

式中,S 为苹果含酸量(%),$\overline{T}_7$、$\overline{T}_8$、$\overline{T}_9$ 分别为 7 月、8 月、9 月的平均气温。

$F=5.14>F_{0.05}=3.68$,$R=0.6849$,检验结果表明,方程拟合效果较好。

3.4.2.3 硬度

苹果硬度是果实单位面积上所能承受的压力,其大小取决于细胞壁中胶层内果胶类物质的种类和数量以及果肉细胞的膨压等,果实硬度不单影响口感,而且影响果品的储藏、运输和加工(天水市果树研究所,2014)。统计分析表明,苹果硬度与降水、光照相关关系不显著,与热量条件关系密切,主要影响因子为 7—9 月的平均气温。果实硬度与 7—9 月平均气温的自然对数呈负相关。7 月为果肉细胞迅速增大期及果实密度形成的高峰期,7 月平均气温对果品硬度形成的贡献率最大,温度偏高幅度越多,硬度下降程度越大;8—9 月为果肉细胞缓慢增长期,此期果实细胞分裂数目减少,果实膨大主要依靠细胞体积的膨大,除正常的光合积累外,还要把之前累积的碳水化合物转化成酸、糖及色素等成分,此期温度偏高,不利于提升果品硬度。

$$Y=38.7926-6.0216\ln\overline{T}_7-1.5088\ln\overline{T}_8-2.6249\ln\overline{T}_9 \tag{3.11}$$

式中,Y 为苹果硬度(kg/cm^2),$\overline{T}_7$、$\overline{T}_8$、$\overline{T}_9$ 分别为 7 月、8 月、9 月平均气温。

$R=0.7946$,$F=5.0332$,检验结果表明,方程拟合效果较好。

3.4.2.4 果形指数

(1)果形指数与气象因子相关性。苹果果型指数是指果实纵径与横径的比值。果形的优劣直接影响其商品价值。逐步回归分析表明,果形指数受热量及水分因子影响较小,主要影响因子为果品成熟前 40 d 的光照条件,与 8 月中旬平均日照时数呈显著负相关。

$$G=1.5-0.0546S \tag{3.12}$$

式中,G 为果形指数,S 为 8 月中旬平均日照时数(h)。

$R=0.8586$,$F=5.0332$,检验结果表明,方程拟合效果较好。

(2)果形指数动态变化特征。2014—2016 年在试验果园进行果实动态生长观测,从幼果形成初期的 5 月 5 日开始观测到成熟期的 10 月 5 日,序号 t 为 5 月 5 日—10 月 5 日的旬序数,5 月 5 日 $t=1$、5 月 15 日 $t=2$、……、10 月 5 日 $t=16$,$t\in[1,16]$。统计分析表明,幼果生长初期,横径生长快于纵径,随着果实细胞体积的增大,果实五棱凸起,纵径的累积生长量逐渐增大,7 月 15 日前后,纵径开始大于横径,到采摘前 15 d 后,纵径和横径增长速度渐缓,果型指数趋于稳定(图 3.9)。

(3)果形指数与累积积温的相关性。苹果果径增大要求一定的累积温度。积温条件对果形指数产生较大影响(余优森 等,1999;刘灿盛 等,1987)。分析表明,果实增长膨大期间 ≥10 ℃积温与果径值可用"S"形曲线模拟计算。

$$W = 9.45/[1 + \exp(1.8239 - 1.9958\times 10^{-3}\sum T)] \tag{3.13}$$

式中,W 为纵径值(cm),T 为≥10 ℃积温。检验表明,方程拟合效果较好,能够较准确地反映苹果果实从幼果到成熟期间果径增长的动态变化过程。

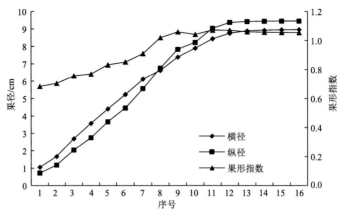

图 3.9 5 月 5 日—10 月 5 日"花牛"苹果果径增长变化

对式(3.13)进行二次求导后,得出苹果纵径增长最快时所需累积积温为 913.9 ℃·d,此期在 6 月 20 日前后,为苹果花后 50 d 左右。

3.4.3 结论与讨论

(1)影响天水"花牛"苹果产量品质的主要气象因子是热量条件。花期(4 月下旬至 5 月上旬)最低气温及极端最低气温、果实膨大期(6—8 月)平均气温、果树主要生长期(5—9 月)≥20 ℃ 积温与气候产量呈显著正相关。含糖量与 7—8 月气温日较差平均值呈显著正相关;含酸量的倒数与 7—9 月平均气温的倒数呈显著负相关;硬度与 7—9 月平均气温的自然对数呈负相关;果形指数与 8 月中旬平均日照时数呈显著负相关。单果累积重量及果径与≥10 ℃ 积温变化过程均符合"S"形曲线特征。单果累积重量增加最快时期为幼果形成后 66 d 左右;果径增长最快时期为幼果形成后 50 d 左右。

(2)果实累积重量及果径与≥10 ℃ 积温的变化关系为动态监测果品生长量提供了依据,单果累积重量及果径增加最快时期是果树产量及品质形成的关键时期,此期加强果园水肥、病虫害、修剪等各项管理,是提高果品产量及商品等级的关键措施和重要环节。

(3)自 20 世纪 90 年代以来,陇东南气候变暖特征明显,"花牛"苹果主要生育期遭遇极端灾害性天气气候事件的概率增大,对果品品质及产量的形成造成较大影响。本研究未涉及寒潮、晚霜冻、冰雹、暴雨等气象灾害对果树产量及品质的影响,在实际应用时,应根据气象灾害影响情况做一定的改进和修订。

3.5 "花牛"苹果生长期主要气象灾害

"花牛"苹果主产区处于我国地形和气候过渡带,地形复杂,气候多变,对果品生产造成一定影响。特别是在气候变暖背景下,各类极端天气气候事件发生频率增加、强度增强,霜冻、干旱、高温、冰雹、暴雨、连阴雨等气象灾害频繁出现,果业遭受灾害影响的风险加剧,成为制约果品产业高质量发展、影响果农丰产增收的主要因素之一。

3.5.1 花期冻害

热量是影响果树开花的主要气象因素之一。春季气温不稳定,冷空气活动频繁,尤其是 3 月中旬至 5 月上旬为冷空气活动最高频率时段,全年大约 40%的强降温天气发生在该时段。

近年来,随着气候变暖,温度变化起伏加大,晚霜冻发生频次增大,强度增强,加之春季气温回升加快,果树花期提前,遭受霜冻影响的风险加大,花期冻害成为影响"花牛"苹果产量和品质的最主要气象灾害。

3.5.1.1　花期冻害的标准

天水"花牛"苹果花期花器发生轻霜冻(受冻率≤30%)的温度指标为最低气温$-1.8\sim0$ ℃;中霜冻(受冻率31%~60%)的温度指标为最低气温$-3.9\sim-1.8$ ℃;重霜冻(受冻率61%~80%)的温度指标为最低气温$-5.3\sim-3.9$ ℃;特重霜冻(受冻率≥81%)的温度指标为最低气温<-5.3 ℃(郭旺文 等,2020)。

按照成因可将霜冻分为平流型、辐射型、平流辐射型 3 种类型。

(1)平流型霜冻。指出现强烈冷平流天气引起剧烈降温而发生的霜冻。由于发生时伴随强风,又称"风霜"。其特点是危害范围广、时间长(一般 3~4 d)、地区间差异较小。

(2)辐射型霜冻。指在晴夜无风(或微风)的夜间,地面和作物表面强烈辐射降温而发生的冻害。因为发生时通常晴朗无风或风力微弱,所以又称"静霜"或"晴霜"。其特点是持续时间短、危害地区小,地区间差异较大。

(3)平流辐射型霜冻。指在冷平流和辐射冷却共同作用下发生的霜冻。通常是先有冷空气侵入,气温明显下降,到夜间天空转晴,地面有效辐射加强,温度进一步降低。此种霜冻发生次数最多,影响范围广,危害性最大。

3.5.1.2　发生规律

4 月是"花牛"苹果花期冻害危害的主要时段。2008—2020 年,天水市共出现花期冻害 18次,除 2009 年、2011 年、2012 年、2017 年这 4 年未出现外,其余 9 年均有发生,其中 2020 年出现多达 9 次,其他年份一般为 1~2 次。从时间分布看,最早出现日期为 4 月 3 日,最晚出现日期为 4 月 27 日。从地域分布看,张家川东南部、清水北部、武山南部、秦州南部及麦积南部等地为高发区(图 3.10、图 3.11)。其中,2018 年 4 月 6—7 日,天水市遭遇自 1981 年以来最强的一次霜冻过程,灾害涉及全市 5 县 2 区 95.58%的乡镇和 75.11%的行政村,除麦积区渭河川道外,其余各地最低气温均低于 0 ℃,47%的乡镇最低气温低于-3.0 ℃,其中武山县榆盘乡为-9.7 ℃。

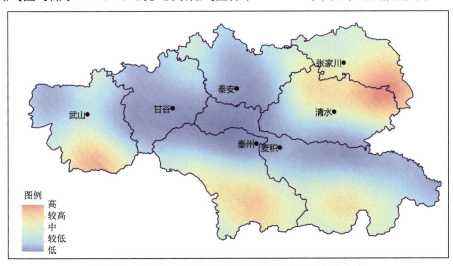

图 3.10　2008—2020 年天水市花期冻害发生频次分布

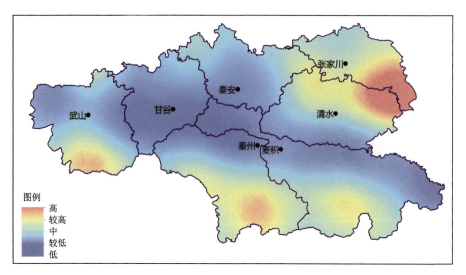

图 3.11 2008—2020 年天水市花期冻害发生风险分布

各地花期冻害结束的平均日期,高山、高原晚于海拔较低的平原、平川、谷地和盆地,纬度较高的地方晚于纬度较低的地方。

3.5.1.3 花期冻害对"花牛"苹果生长的影响

春季 3—5 月是天水"花牛"苹果开花坐果时期,也是果树对外界温度条件最敏感的时段。一般来讲,"花牛"苹果 4 月上旬开始自南向北、自低海拔川区至高海拔山区渐次进入开花期,完成授粉受精以后,陆续坐果。始花至盛花期是"花牛"苹果雌蕊、雄蕊生长发育的关键期,抗寒、抗冻能力较差,此期如遇冻害,极易导致花蕊失去活性,无法正常授粉受精;坐果后,重度霜冻还会导致幼果受冻脱水,直至脱落,造成严重减产甚至绝收。

3.5.2 干旱与高温

天水属半干旱雨养农业区,雨热同季,年降水量主要集中于夏秋两季,是当地土壤主要蓄水季节。"花牛"苹果属多年生果树作物,树大根深,生长所需水分主要来源于土壤贮水,以花芽分化期和果实膨大期需水量最大。

3.5.2.1 高温、干旱的标准

根据历史资料统计分析,天水市伏期(7 月 11 日—8 月 20 日)易出现高温干旱时段。当出现≥32.0 ℃的高温天气时,会造成"花牛"苹果表面灼伤,尤其连续出现≥35.0 ℃的高温天气时,会造成苹果严重灼伤,产生裂纹、干瘪,降低苹果固态物质和糖分含量,影响果实膨大期生长(张红妮 等,2019)。

天水"花牛"苹果干旱灾害指标(基于降水距平百分率):连续 2 旬及以上旬降水距平百分率≤−50%为一个旱段,以旬数和旬降水距平百分率确定干旱程度。按照降水距平百分率(P_a),$P_a > -50\%$、$-70\% < P_a \leqslant -50\%$、$P_a \leqslant -70\%$,将苹果萌芽至幼果期(3—5 月)、果实膨大期(6—8 月)、着色至成熟期(9 月)、越冬期(11 月至次年 2 月)4 个时段的干旱灾害对应划分为轻度、中度、重度干旱(柏秦凤 等,2019)。

天水"花牛"苹果干旱灾害指标(基于土壤含水率):以果园土壤相对湿度为主要评价指标,在果树花芽期和果实膨大期土层厚度分别取 0～10 cm 和 0～20 cm,其他生长发育阶段取 0～

50 cm。土壤相对湿度的计算如下式：

$$R_{sm} = a \times \left(\sum_{i=1}^{n} \frac{w_i}{f_i} \times 100\% \right) \tag{3.14}$$

式中，R_{sm} 为土壤相对湿度(%)；a 为果树发育期调节系数，花芽期为 1.1，水分临界期为 0.9，其余发育期为 1；w_i 为第 i 层土壤湿度(%)；f_i 为第 i 层土壤田间持水量(%)；n 为果树发育阶段对应土层厚度内的观测层数(一般以 10 cm 为划分单位，果树花芽期 $n=1$，果实膨大期 $n=2$，其他生长阶段 $n=5$)。基于土壤相对湿度的果园干旱等级划分如表 3.3 所示。

表 3.3　基于果园土壤相对湿度(R_{sm})的干旱等级划分

等级	类型	土壤相对湿度/%		
		沙土	壤土	黏土
1	轻旱	$45 \leqslant R_{sm} < 55$	$50 \leqslant R_{sm} < 60$	$55 \leqslant R_{sm} < 65$
2	中旱	$35 \leqslant R_{sm} < 45$	$40 \leqslant R_{sm} < 50$	$45 \leqslant R_{sm} < 55$
3	重旱	$25 \leqslant R_{sm} < 35$	$30 \leqslant R_{sm} < 40$	$35 \leqslant R_{sm} < 45$
4	特旱	$R_{sm} \leqslant 25$	$R_{sm} \leqslant 30$	$R_{sm} \leqslant 35$

3.5.2.2　干旱发生规律

天水市干旱一年四季均有发生，有春旱、初夏旱、伏旱、初秋旱、伏秋连旱等。春末夏初(5—6 月)和盛夏(7—8 月)是两个相对少雨时段，最易发生干旱，前者为春末夏初旱，后者为伏旱。干旱发生频率高低依从轻到重的次序发生，根据基于果园土壤相对湿度的干旱等级划分标准计算，轻旱最易发生，其次为中旱、重旱，特旱属小概率事件。轻旱出现频率为每年 7.09 次，中旱出现频率为每年 2.52 次，重旱出现频率为每年 0.5 次，特旱出现频率为每年 0.25 次。渭北地区轻旱、重旱、特旱出现频率较高，藉、渭河谷地中旱出现频率较高。春旱最易发生，其次为初夏旱、伏旱，初秋干旱发生频率较低。

1987 年、1994 年、1995 年、1997 年、1998 年、2000 年、2001 年、2002 年、2013 年、2014 年均出现较为严重的干旱灾害(1994 年、1998 年均发生伏、秋连旱)，其中 1997 年出现自 1936 年有气象记载以来最严重的旱灾。

3.5.2.3　高温干旱对"花牛"苹果生长的影响

根据天水市 1991—2020 年气候资料分析，"花牛"苹果主产区冬春两季(12 月至次年 5 月)降水量为 105~124 mm，仅占全年降水量的 24%。春季第一场≥10 mm 降水出现时间年际变化较大，早的年份在 3 月上旬，迟的年份则到 6 月中旬。伏期是"花牛"苹果的果实膨大期，降水量一般为 90~130 mm，少雨年份则不及 30 mm。

春季 3—5 月发生高温干旱，会制约"花牛"苹果树新梢的生长发育，导致花芽分化质量较差，开花授粉不良，开花后柱头缩短或者没有柱头，苹果坐果率大幅降低，对"花牛"苹果的产量形成带来不利影响。当盛花期(4 月中旬至下旬)1~2 d 日平均最高气温为 29.0 ℃以上，1~3 d 日平均最高气温 27.0 ℃以上或 1~4 d 日平均最高气温 26.0 ℃以上时，"花牛"苹果坐果率均低于 15%；当日平均最高气温 30.0 ℃以上时，将导致正处于开花授粉受精的花粉发芽受阻，失去受精能力，甚至灼伤致死。

夏季 6—8 月降水虽然相对较多，但水、热同季，降水主要用于果树新梢、果实快速膨大生长和大气的无效蒸发耗损，果园经常发生伏期土壤干旱，加之高温影响，造成苹果膨大生长水分供应不足,树叶含水量减小、叶绿素下降,光合作用减弱,枝叶营养输送量下降,果实膨大迟滞负效应显现。此期若不及时浇灌补水,会导致果实偏小,品质偏差,果品商品率下降。同时因干旱缺水,尤其土壤相对湿度低于30%时,叶片生长严重受阻,光合作用不能正常进行,落果增加,造成当年及下年产量锐减。

根据2008—2020年天水日最高气温资料分析,并参照苹果果实膨大期热害日数的计算方法,以日最高气温≥35 ℃划定,"花牛"苹果果实膨大期高温热害标准如表3.4所示。

表3.4 高温热害分级

热害等级	日最高气温 T/℃
轻度	$35 < T \leqslant 38$
中度	$38 < T \leqslant 40$
重度	$T > 40$

3.5.3 暴雨

天水地区暴雨出现时段为5—9月,集中期为7—8月,其中7月下旬至8月上旬出现最多。多属局地性,并伴有大风、冰雹和水灾发生,破坏性大,果园植被差的地区表土冲刷严重,加剧水土流失,对"花牛"苹果生长造成较大影响。

3.5.3.1 暴雨的标准

根据甘肃省气候影响评价指标:日降水量≥50.0 mm为暴雨;日降水量≥100.0 mm为大暴雨,日降水量≥250 mm为特大暴雨。

3.5.3.2 暴雨发生规律

2008—2020年,天水市每年均有暴雨发生,平均每年出现区域性暴雨4~6场。5—9月是天水市暴雨高发期,尤以7—8月发生频率最高。秦州区东南部、麦积区西南部、张家川县东部是暴雨发生较多的区域,尤以秦州区娘娘坝镇、麦积区党川镇、张家川县平安镇发生暴雨的频次最高,麦积区社棠、甘泉、伯阳、元龙、利桥等镇和张家川县马鹿镇、甘谷县武家河镇次之(图3.12)。

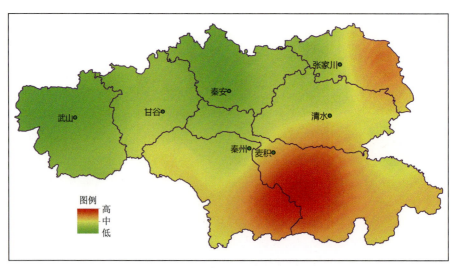

图3.12 2008—2020年天水市暴雨发生频次分布

3.5.3.3 暴雨对"花牛"苹果生长的影响

天水"花牛"苹果生产区大多位于山区,地形环境复杂,暴雨洪涝灾害对苹果生长发育造成不同程度的危害。若暴雨持续时间长,强度大,果园排水不通畅,积水严重,湿度过大,土壤透气性不良,极易发生渍害,同时,还会滋生病菌,导致苹果品质和产量下降。

果树花芽分化是指由营养性芽转变为生殖性芽的质变过程。"花牛"苹果花芽开始分化的时期一般在 5 月下旬至 6 月上旬,在适宜条件下苹果树的花芽分化盛期是 6—8 月。在花芽分化期,适当的水分控制可以促进花芽分化,适度干旱有利于抑制营养生长,促进生殖生长。若在花芽分化时期遇暴雨灾害,可使花芽分化率降低,并易萌发冬梢,影响光合产物的积累,使树体内部营养状态不利于形成花芽,并且在后期易出现落果现象。

此外,暴雨天气还会造成光照不足,影响苹果果实膨大、着色及糖分积累等。例如,2020 年 8月,天水暴雨洪涝灾害频发,导致大面积果园积水严重,苹果果实脱落,给种植户造成严重损失。

3.5.4 冰雹

冰雹灾害是一种局地性强、季节性明显、来势凶猛、持续时间短的气象灾害,同时会伴有雷雨、大风等灾害性天气,对"花牛"苹果果树造成的伤害主要是机械性损伤。

3.5.4.1 冰雹的标准

按冰雹直径的大小及对果树造成的危害程度,将雹灾分为轻、中、重三级,具体划分指标见表 3.5。

表 3.5 雹灾分级及危害程度

分级	降雹情况及损失程度
轻	雹块直径 5～9 mm,降雹持续时间短暂、风速小、雹粒少、随降随化,果树叶片轻度伤损,较易复生
中	雹块直径 10～15 mm,降雹持续时间较长(2～5 min),冰雹密度较大。地面有少量积雹,伴有 3～5 级风,果树茎叶机械损伤较重,部分果实脱落,较难复生
重	雹块直径＞10 mm,降雹持续时间长(大于 5 min),冰雹密度大。地面有大量积雹,伴有大风,雹块融化后,地面雹坑累累,土壤严重板结,果树上部分机械损伤严重,茎叶折断,果实脱落,生长不能恢复

3.5.4.2 冰雹发生规律

天水境内冰雹发生的季节长,次数多,危害面积大,最早出现时间为 4 月下旬,最晚出现于10 月下旬,6 月降雹次数最多,5 月次之。多发生在午后和前半夜,傍晚前后是降雹的高峰。秦安县大部为冰雹灾害高发区,叶堡、郭嘉、魏店等乡镇发生频次最高;张家川西部和东南部、武山东北部、甘谷西北部等地为发生频次较高地区(图 3.13);秦安、麦积西北部、张家川中西部等地冰雹发生风险较高,其中秦安中南部地区发生风险最高,冰雹致灾程度最重(图 3.14)。

据统计,2008—2020 年,天水市平均每年出现冰雹 10～12 次,平均每年有 34 个乡镇出现冰雹。出现冰雹灾害乡镇数最少的年份为 2009 年,有 11 个;最多的年份为 2020 年,有 71 个。从冰雹路径分析,从静宁、庄浪县方向进入天水的冰雹对秦安县影响最大,尤以魏店、郭嘉、叶堡、安伏、刘坪等乡镇发生冰雹灾害的频次最高;从庄浪、华亭县方向进入天水的冰雹对张家川县影响最大,尤以张川镇、马鹿镇发生灾害的频次最高;从陇西、通渭县方向进入天水的冰雹对武山县咀头乡至甘谷县磐安镇、谢家湾乡一带影响最大。

2012 年出现的雹灾最为严重。年内多次遭受强冰雹灾害,其中,6 月 18 日 18 时发生的雹

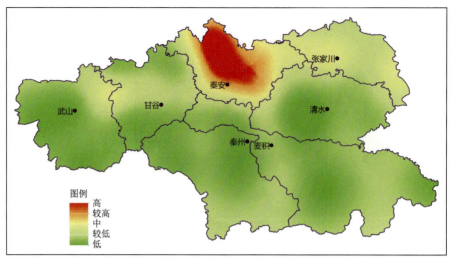

图 3.13 2008—2020 年天水市冰雹发生频次分布

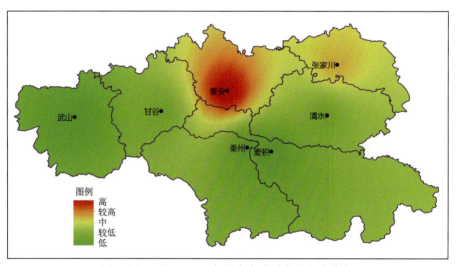

图 3.14 2008—2020 年天水市冰雹发生风险分布

灾持续时间长达 20~30 min,雹粒最大直径达 2.5 cm,平均沉积厚度达 20 cm,造成麦积、秦安、清水、张家川 4 县(区)27 乡镇受灾,直接经济损失约 5.28 亿元。

3.5.4.3　冰雹对"花牛"苹果生长的影响

冰雹是天水市主要的灾害性天气之一,也是一种综合性灾害天气,其危害仅次于霜冻。大多数雹粒如黄豆至蚕豆般大小,少数雹粒有鸡蛋大,罕见的有碗口大。体积小的冰雹可以打伤、打落果树的叶、花、果实,稍大一些的可以打折、打断树枝,形如核桃、鸡蛋大的对果树毁坏力更加严重。

天水市冰雹大多出现在 5—8 月,常伴有狂风、暴雨,此时段正值"花牛"苹果的果实形成及主要膨大生长期,冰雹导致的机械破坏作用重者可造成果树枝杆折断、花果脱落,引起果树各种生理障碍以及病虫害等间接危害,严重影响苹果的产量、品质和商品率,不仅当年产量受损,而且影响下一年果树正常的生长,危害十分严重。

3.5.5 连阴雨

3.5.5.1 连阴雨的标准

根据甘肃省气候影响评价指标,连续阴雨≥5 d,过程总降水量≥15.0 mm,同时满足以上条件者,为一次连阴雨过程。连阴雨天气往往会造成果园土壤和空气长期过湿,日照不足,会使"花牛"苹果正常生理机能和果实品质遭受不利影响。

3.5.5.2 连阴雨发生规律

天水市出现的连阴雨天气主要为春季连阴雨和秋季连阴雨,以秋季连阴雨为主,多出现在8月中旬至10月中旬,9月发生最多。此时正值"花牛"苹果果实快速膨大期至成熟期,对果品着色、糖分积累、产量形成及采摘均会产生不同程度的不利影响。

据统计,2008—2020 年,天水市秋季连阴雨发生年份为 10 年;总发生次数为 9~13 次,年平均发生次数 0.7~1.0 次;年平均连阴雨日数为 4.8~6.8 d,降水量为 27~58 mm,降水强度为 5.68~10.23 mm/d,河谷和关山地区较渭北地区发生风险高(图 3.15、图 3.16)。其中,

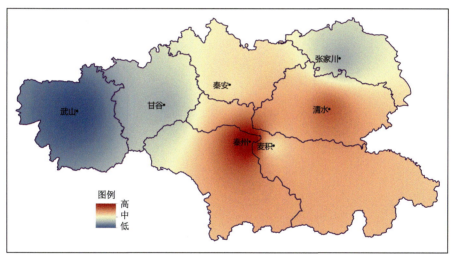

图 3.15 2008—2020 年天水市秋季连阴雨发生频次分布

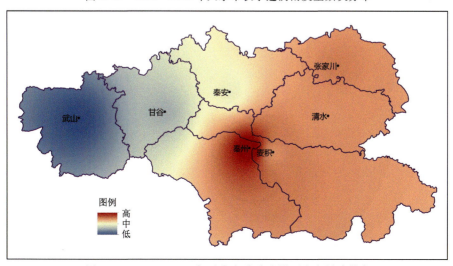

图 3.16 2008—2020 年天水市秋季连阴雨发生风险分布

2009年9月3—14日,天水市出现连阴雨天气,累计日照时数不足5 h,对苹果后期成熟造成严重影响;2014年9月7—17日,出现长达11 d的连阴雨天气,累计最大降水量达189 mm(甘谷县武家河镇);2020年8月14—18日,河谷和关山地区出现连阴雨天气,降水量为62.3～125.2 mm,降水强度达12.46～25.04 mm/d,为2008年以来强度最大的连阴雨过程。

3.5.5.3 连阴雨对"花牛"苹果生长的影响

若"花牛"苹果在开花期(4月)遇到5 d以上连阴雨,一方面,会造成花粉活力下降,授粉不良,导致挂果量减少或者畸形果增多;另一方面,湿度过大会引起病菌滋生和蔓延,苹果霉心病发病率显著增加,降低果实品质。

若"花牛"苹果在着色成熟期至采收期(8月下旬至9月下旬)遇连续阴雨天气,光照不足,易造成果实表面返青、着色差,并易引发病虫害。同时,寡照天气使苹果含糖量降低,口感较差,降低果品的商品价值,也会使果实生长期延长,硬度下降,不耐贮运。

第 4 章

评估数据和技术方法

4.1　评估数据

4.1.1　气象站观测资料

本书果品气候品质认证所用气象资料为 1991—2020 年 4 月 1 日—9 月 30 日（"花牛"苹果花期至成熟期）天水市秦州区、麦积区、甘谷县、武山县、秦安县、清水县、张家川县 7 县（区）国家自动气象观测站逐日观测数据，包括平均气温、最高气温、最低气温、日照时数、降水量等与"花牛"苹果品质密切相关的气象因子，以此计算得到逐旬平均气温、最高气温、最低气温、气温日较差、日照时数、降水量等数据。

4.1.2　格点资料

利用站点数据及格点数据，点面结合，可以使评估过程更科学严谨、评估结果更精确可靠。

基于台站观测资料的品质评估是指基于产品种植区周边代表性气象站，统计日照、温度、降水等观测要素，加权求得气候品质评价指数。其优点是数据易获取，观测数据准确，缺点是评估结论对种植区域的代表性一般。

基于格点化数据的气候品质评估与原有站点评估数据结论匹配度良好，从数据类型上，补充对生长发育至关重要的日照数据（申彦波 等，2021）；从数据精细化程度上，能够实现对作物种植区的千米级覆盖，扩展评估结论时空精细化程度，解决无观测资料地区气候品质评估的关键技术难题，提升评估报告的技术含量和评估结论的科学性（图 4.1）。

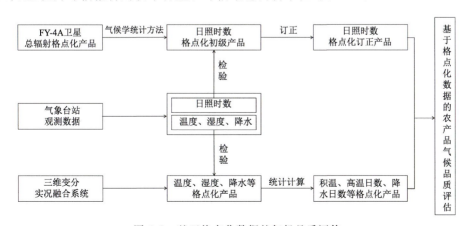

图 4.1　基于格点化数据的气候品质评估

FY-4A 新一代静止气象卫星空间分辨率为 4 km，时间分辨率为 15 min/h，辐射产品观测要素包括总辐射、直接辐射、散射辐射。基于 FY-3D 卫星成像仪的通道观测数据，可以反演获得 1 km 分辨率的地面太阳辐射产品,在空间分辨率上满足服务需求;进一步与 FY-4 辐射产品相融合,可在时间分辨率上满足需求。

中国气象局公共气象服务中心高分辨率气象服务实况格点产品可将离散点的观测数据融合成为覆盖全国的时空气象要素产品,可以实现全国地面 1 km×1 km 格点逐 10 min 实况数据。

4.1.3 品质资料

4.1.3.1 观测地点

在评定区域选定评定果园,注明海拔高度和果品品种。

4.1.3.2 观测方法

参照中国气象局《农业气象观测规范(上)》"自然物候分册"和《农业气象观测规范(下)》"果树分册"标准观测。

观测植株选择品种相同、树龄相近、结果性能稳定、生长状况基本一致的植株(不选最好或最劣的植株)4 株,作为物候和生长状况观测植株;观测枝在选定的观测植株上每株按东、南、西、北顺序各选一枝作为观测枝。

4.1.3.3 物候期观测

苹果树物候期主要包括萌芽期、开花期、果实膨大期和果实成熟期。

(1)果实膨大量测量

在选定的观测植株枝条上依次选取 10 个果实做好标记,共 40 个果实作连续观测。于盛花期后一个月至果实停止膨大为止,每旬末测量果实的纵径、横径(果实最大处),以 mm 为单位取一位小数,求出平均。如果实脱落,另选大小相似的果实补充;如出现病、裂现象仍继续观测,应加以注明。

(2)果品品质、产量分析

果实成熟后将样本拿回实验室进行测定。主要有平均单果重、最大单果重、单棵果实重、理论产量、地段产量;品质分析包括等级果分析、可溶性固形物含量、去皮硬度、果形指数等。

4.1.3.4 观测仪器

果径测量使用游标卡尺(精度:0.1 mm);单果重使用 JA5005 电子分析天平(精度:0.001 g)。含糖量使用 TD-45 数显水果糖度仪(分辨率:0.1%);硬度计使用 GY-4 数显水果硬度计(误差:±0.5%);含酸量采用酸碱中和法。温度、降水量、光照、土壤湿度等气象资料来自果园内果林环境自动监测系统(精度 0.001),与观测果树间的直线距离小于 1 m。

4.1.3.5 资料统计

采用 SPSS 统计软件进行数据计算、分析及模型拟合。

4.2 评估依据

4.2.1 政策依据

甘肃省贯彻落实习近平总书记关于"三农"工作的重要论述、甘肃重要讲话和指示精神,切实巩固拓展脱贫攻坚成果,全面实施乡村振兴战略,推动甘肃省加快实现从特色农业大省向特色农业强省转变。

依据甘肃省委、省政府办公厅《关于实施现代丝路寒旱农业优势特色产业三年倍增行动的通知》(甘办发〔2021〕11 号),制定实施《甘肃省现代丝路寒旱农业优势特色产业三年倍增行动计划总体方案》(甘农领办发〔2021〕5 号),促进优势特色产业向适宜区集中,建成一批产业大县、加工强县和产业强镇,打造优势特色产业集群,加快形成"一乡一品""一县一业""一县多园""连乡成片""跨县成带""集群成链"的现代农业优势特色产业发展新格局。

《中共天水市委、天水市人民政府关于全面推进乡村振兴加快农业农村现代化的实施意见》(市委发〔2021〕5 号)文件提出重点工作任务,打造"甘味"天水农产品品牌;加快建设绿色标准化基地和农产品品质评价体系、产地环境监测体系、质量安全追溯体系;提升天水"花牛"苹果等农产品品牌知名度和市场竞争力。

《天水市气象局与天水市发展和改革委员会关于印发天水市"十四五"气象事业发展规划的通知》(天气发〔2021〕87 号)文件提出:继续开展气候标志认证,完善农产品气候品质评价和溯源体系,打造系列"气候好产品";挖掘乡村生态气候资源,助推发展乡村旅游新业态。

4.2.2　技术依据

天水"花牛"苹果气候品质认证以《农产品气候品质认证技术规范》(QX/T 489—2019)为依据,进行基础数据获取(气象资料、生育期信息、品质信息等)、指标构建(气象指标、品质指标)、评价模型建立(加权指数、主成分分析)及品质认证(标识管理、认证报告、认证证书),将气候品质等级分为特优、优、良、一般 4 级;以《地理标志产品"花牛"苹果》(DB62/T 1521—2008)为标准判定"花牛"苹果品质优劣。

4.2.3　评估工作流程

评估工作流程包括认证申请、认证受理、认证实施、认证后处理、标签发放。

4.2.4　编码规则

认证编号编码规则为:QHPaayyyybbbbbbccc,其中,QH 是固定编码;P 为属编码;aa 为种编码,"花牛"01,"富士"02,…;yyyy 为年份编码;bbbbbb 为认证区域的行政区划编码,例如,麦积区花牛镇 741025;ccc 为申请认证流水号,001,002,…。

4.3　评估技术方法

农产品气候品质认证是从气象学角度对农产品品质进行评价分析,不仅涉及农产品品质理化指标,而且考虑同期气象条件对农作物生长发育和品质形成的影响。农产品气候品质认证的大致过程是获取农产品品质数据、筛选气候品质指标、建立气候品质评价模型、综合评价气候对生产阶段的农产品品质的影响,最终评定农产品气候品质等级。其中,关键技术是筛选气候品质指标、气象指标预处理和建立气候品质评价模型。

天水"花牛"苹果气候品质认证具体技术路线(图 4.2)是利用气象数据采集、物候期观测、品质鉴定分析、调查试验等方式,采用统计分析、加权平均、线性回归分析等方法对比分析当年产量、品质与气象因子的关系,确定影响"花牛"苹果品质的主要气候条件和主导因素,归纳出对"花牛"苹果不同物候期有重要影响的气候条件,设置认证气候条件指标,建立"花牛"苹果气候品质认证模型和等级评价认证指标体系;选取"花牛"苹果的气候适宜性指标、当年果品生长气候条件和气象灾害、果园管理水平为主要评价指标,结合果品取样品质鉴定等方面,综合对"花牛"苹果品质等级做出评定,按气候品质优劣分为特优、优、良、一般 4 个等级,制作并颁发

"花牛"苹果气候品质认证报告,设计气候品质认证标识。

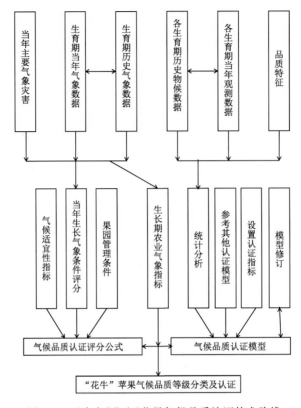

图 4.2 天水市"花牛"苹果气候品质认证技术路线

4.3.1 评价流程和步骤

根据省外先进经验和"花牛"苹果主产区实际情况,总结得出"花牛"苹果气候品质认证的工作流程(图 4.3)。

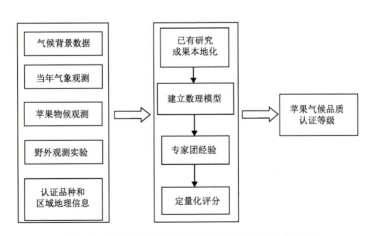

图 4.3 天水市"花牛"苹果气候品质认证工作流程

确定认证区域,了解果品基本信息;收集基础资料,分析不同生育期的气候背景;开展田间试验,获取主要生育期和果品品质数据;筛选气候品质指标,建立气候品质等级评价模型;划定等级分区,综合评价等级。

4.3.1.1　确定认证区域

依据"花牛"苹果主要生产基地果品生产状况及果品种植面积,选定认证区域。认证对象必须是地方优势特色农产品,或是已有品牌和注册商标。

4.3.1.2　收集基础资料

(1)认证区域的气候背景;不同生育期的气候背景;适宜"花牛"苹果生产所需的基本气候条件。

(2)各个主要生育期的气象指标(最适宜、适宜、次适宜);含糖量、硬度、着色度等品质数据。

(3)认证区域内的气象观测数据(国家气象观测站、区域站、农田小气候观测站)。

(4)认证区域地理信息(经纬度、海拔高度),农产品生产概况、产品特色;生产企业基本信息。

4.3.1.3　获取认证指标

农产品气候品质认证工作的核心是指标制定。指标的获取方法如下:

(1)通过教科书、相关书籍刊物、已发表相关论文获得相关指标,并进行本地化

①通过大田试验对指标进行验证;5—9 月,定期观测苹果动态生长量(横径、纵径、单果重)和品质要素(可溶性固形物、糖酸比、硬度、果形指数、着色度等),分析当年生长期内气候条件及其对苹果生长的影响。

②利用气候相似原理方法,对比分析(主要生育期的气候相似性分析)。

③结合生产实际,划分出丰、歉、平年景,对不同年景的主要生育期关键气象因子进行对比分析,逐步修订指标。

(2)通过建立数理模型计算获取

通过主要气象因子与"花牛"苹果品质要素的相关性分析,确定影响"花牛"苹果品质的关键气象因子,建立苹果品质与气象因子的相关关系模型;建立生长量与生长期内气象条件关系模型,确定果品产量形成的关键时期。

(3)通过建立专家联盟,咨询相关专家或经营主体的技术专家获取

①有明确指标的,可利用作物、气象历史资料进行验证分析。

②无明确指标的,可依据专家提出的主要生育期关键气象要素(条件),查阅相关历史气象资料,采用对比分析、相关分析等方法,划定相关指标。

开展农产品气候品质认证,建议通过专家联盟来获取大家均能认可和接受的指标。

4.3.2　评价认证方法

4.3.2.1　对比分析

根据以往生产情况,划分丰歉年景,围绕气象指标总结丰歉年景内各个关键生育阶段的气候条件,并与所制定的最适(适宜、次适宜)指标做对比,得出丰歉年景气象条件的差异状况,再将认证年的差异状况与丰歉年景的差异状况进行对比,最后判断认证年的气候品质优劣。

4.3.2.2 指标判别法

如无法获取到历年生产信息,且所制定的指标等级分明,范围较小,可使用指标判别法,直接判断各个关键生育阶段气候条件适宜等级,再利用专家打分法,进而判断全生育期气候条件的优劣程度。

4.3.2.3 建立定量化认证评分体系

选取气候适宜性区划指标、当年果品生长期气候条件(包括气候资源和气象灾害)及生产管理条件作为评价指标,以加权方式进行评分,定量化综合评估苹果气候品质等级。

4.4 "花牛"苹果气候品质认证评分

"花牛"苹果生长期气候条件指标包括气候资源和气象灾害影响,气候资源占80%,气象灾害影响占20%。影响"花牛"苹果品质的气象因素主要是气温、降水、日照、气温日较差、积温等,气象灾害主要有冻害、高温、冰雹、干旱、暴雨、连阴雨等。气候条件对果实单果重、可溶性固形物、含酸量、糖酸比、硬度、果形指数、果实色泽等果品品质有影响。各物候期气候因子对"花牛"苹果生长发育和品质的影响程度不同。

"花牛"苹果气候品质评分内容(图 4.4)主要包括气候适宜性(X_1)、当年生长期内气候条件和气象灾害(X_2)、果园管理水平(X_3),对各项评分内容赋予不同权重,采用加权平均法进行评分。根据气候品质认证技术标准体系,制定"花牛"苹果气候品质评价评分公式:

$$W = 0.3X_1 + 0.5X_2 + 0.2X_3$$

式中,W 为评价得分,$W \geqslant 90$ 为特优,$80 \leqslant W < 90$ 为优,$70 \leqslant W < 80$ 为良,$W < 70$ 为一般。

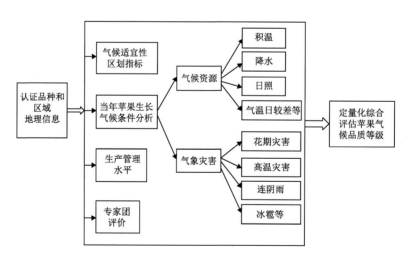

图 4.4 天水市"花牛"苹果气候品质认证评分

4.4.1 气候适宜性区划指标评分

X_1 表示"花牛"苹果气候适宜性区划指标,最适宜区 90～100 分,适宜区 80～90 分,次适宜区 70～80 分(表 4.1)。

表 4.1　气候适宜性区划指标评分　　　　　　　　　　　单位:分

	最适宜区	适宜区	次适宜区
X_1	90～100	80～90	70～80

4.4.2　当年果品生长气候条件评分

X_2 表示当年果品主要生育期气候条件评分值,包括气候资源(α)及气象灾害情况(β)。

评分公式:$X_2 = \alpha - \beta$。

4.4.2.1　气候资源评分

α 表示气候资源情况(取 6—8 月),其中,α_1:日平均气温≥10 ℃积温(权重 20%),α_2:降水(权重 30%),α_3:日照(权重 20%),α_4:气温日较差(权重 30%)。

评分公式:$\alpha = 0.2\alpha_1 + 0.3\alpha_2 + 0.2\alpha_3 + 0.3\alpha_4$。

评分标准:α 总分 100 分。其中,α_1、α_2、α_3、α_4 在历年平均值±10%范围内时,为 100 分,±20%范围内时,为 90 分,±30%范围内时,为 80 分,依次类推(表 4.2)。

表 4.2　气候资源评分标准　　　　　　　　　　　　单位:分

	α_1 日平均气温≥10 ℃积温	α_2 降水	α_3 日照	α_4 气温日较差
距平百分率±10%	100	100	100	100
距平百分率±20%	90	90	90	90
距平百分率±30%	80	80	80	80
距平百分率±40%	70	70	70	70

4.4.2.2　气象灾害评分

用 β 表示主要气象灾害情况,按统计及经验估算影响程度占 10%～20%。

β_1:花期冻害(权重 30%),β_2:高温热害(权重 10%),β_3:干旱(权重 20%),β_4:暴雨(权重 10%),β_5:冰雹(权重 20%),β_6:连阴雨(权重 10%)(表 4.3)。

评分公式:$\beta = 0.3\beta_1 + 0.1\beta_2 + 0.2\beta_3 + 0.1\beta_4 + 0.2\beta_5 + 0.1\beta_6$。

表 4.3　气象灾害评分标准　　　　　　　　　　　　单位:分

	β_1 花期冻害	β_2 高温热害	β_3 干旱	β_4 暴雨	β_5 冰雹	β_6 连阴雨
无灾害	0	0	0	0	0	0
轻微	10	10	10	10	10	10
严重	20	20	20	20	20	20

4.4.3　生产管理评分

果品企业生产管理条件评分内容主要包括(表 4.4):①γ_1:产地环境条件(权重 40%)。②γ_2:果品生产具有标准化的生产技术规范,果品生产严格按标准执行(权重 30%)。③γ_3:具有果品质量安全技术规范,在生产中严格执行(权重 20%)。④γ_4:果品品质抽查结果(权重 10%)。

$$X_3 = 0.4\gamma_1 + 0.3\gamma_2 + 0.2\gamma_3 + 0.1\gamma_4$$

表 4.4 生产管理条件评分标准 单位:分

	γ_1	γ_2	γ_3	γ_4
一级	100	100	100	100
二级	90	90	90	90
三级	80	80	80	80

4.5 编写气候品质认证报告

气候品质认证报告内容包括:认证区域和认证产品概况;资料来源;生产地气候条件分析;苹果主要生长期天气气候条件分析;果品品质及生长状况分析;果品气候品质认证结论;报告使用范围等。

4.5.1 认证区域"花牛"苹果气候适宜性简介

苹果生产对气候的基本要求;认证区域地理位置及气候背景;分析认证区域果品生产的气候适宜性;分析形成产品独有风味的气候优势;认证区域整体生产环境硬件对抵御气象灾害的作用。

4.5.2 认证依据

4.5.2.1 气象资料

说明气象站的选择,需要使用的气象要素及其时间序列。

4.5.2.2 认证指标

简述指标是通过什么方式得来,并给出具体指标值。

4.5.2.3 认证方法

简述所使用的方法(对比、指标判别、气候适宜度等)。

4.5.3 认证结果

4.5.3.1 气候条件影响分析

(1)按主要生育期出现时间顺序逐个分析。

(2)围绕指标、依据方法(对比、指标判别、气候适宜度)开展利弊影响分析。

(3)总结全生育期出现的主要气象灾害(病虫害),简述产地防灾减灾措施,评估灾害影响危害程度。

4.5.3.2 气候条件评价

按果树主要生育期出现时间顺序,围绕各个阶段的指标及相关方法进行逐个气候条件优劣定量(最适、适宜、次适宜)评价。

4.5.3.3 认证结论

综合上述分析,最终得出"花牛"苹果气候品质等级的认证结论(特优、优、良、一般)。

4.5.3.4 报告使用范围

标明认证报告仅适用于认证年份及认证区域,超出产地、时间范围无效。

4.6   制作评估认证证书、二维码和标签

参加认证的企业将获得认证标志与二维码标签,并进行溯源,向公众展示农产品产地的气候特征、气象条件、企业基本情况、产品描述、防伪查询等,二维码具备"一件一签,一签一码,身份唯一"的特征。

4.7   评估需要注意的问题

4.7.1   建立多部门联动机制

气候品质认证由生产经营者主体委托气象部门进行,申请资格审查应由农业管理部门、气象部门、果业部门共同完成。应建立多部门联动机制,共同推进气候品质认证工作的开展。

4.7.2   联合开展调研工作

建立由气象、果业、农民专业合作社、种植大户组成的农业气象专家团,加大部门协作和资料共享力度。果业部门提供"花牛"苹果品质历史资料;气象部门提供果品生产地气温、降水、光照等气象因子历史数据;种植大户及专业合作社提供种植基地地理位置、区域分布、果树生育期、受灾情况及果园生产管理条件等资料。

4.7.3   联合开展果品气候品质认证研究

气象部门、果业部门联合开展果品主要生产基地生产状况前期调研;气象部门开展果树生长气象环境监测及历史气象资料统计分析,开展果实生长量动态监测及表征果品品质的含糖量、含酸量、硬度、果形指数等要素观测;开展主要气象因子与果品品质相关性研究,确定影响果品品质的关键气象因子及致灾指标,结合生产管理条件,建立果品气候品质认证模型及等级标准。

4.7.4   联合发布气候品质认证证书

气象部门及时分析果园本年度苹果主要生育期气候条件优劣程度、主要生育期天气气候特征、影响果品品质的关键气象因子、致灾指标等,依据气候品质认证模型,评估"花牛"苹果气候品质等级,得出认证结论,制定《花牛苹果气候品质认证证书》,与有关部门联合发布《果品气候品质认证报告》。同时,向通过认证的专业合作社发放二维码认证标签,实现气候品质认证信息查询和地理信息溯源,有效提升品牌价值,提高售价和销量。

4.7.5   推进农产品气候品质认证规范化建设

一是立足于气象因子监测、理化指标分析、生长量追踪等主要参数,通过构造评估模型以建立农产品品质评定标准;二是制定《农产品气候品质认证工作管理办法》,对认证流程、技术标准、等级规定、标志管理以及职责分工进行规范;三是统一气候品质认证标志管理,农产品气候品质标志由标识图和批号代码两部分组成,应规范管理;四是推广"花牛"苹果气候品质认证工作,通过加强与农户及合作社联系、媒体宣传、进驻农博会等形式,稳步推广认证工作。

第5章
基于台站观测资料的评估

基于天水市各县(区)国家气象观测站1991—2020年观测资料,对"花牛"苹果主要生长期(4—9月)和不同生育时段(花期、幼果期、果实膨大期、着色成熟期)气候条件进行分析评估,并对所选2个区域(麦积区花牛镇二十铺村南山坪及张家川回族自治县荣达果品农民专业合作社)开展"花牛"苹果气候品质认证。

5.1 主要生长期总体气候条件分析

5.1.1 气温

5.1.1.1 空间分布

1991—2020年"花牛"苹果主要生长期(4—9月)平均气温为15.8~19.4 ℃,适宜"花牛"苹果正常生长;空间分布呈现河谷(麦积、秦州)最高、渭北(甘谷、武山、秦安)次之、关山(清水、张家川)最低的分布格局(图5.1),以秦州、麦积、秦安、甘谷、武山、清水、张家川的顺序递减。2011—2020年平均气温为16.2~19.7 ℃,较1991—2020年平均升高约0.3 ℃,空间分布与30年平均相似,麦积最高,秦州次之。

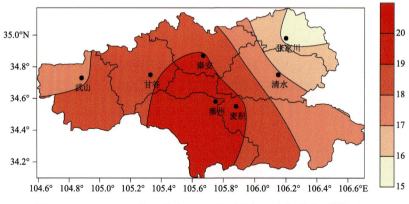

图5.1　1991—2020年天水市4—9月平均气温空间分布(单位:℃)

5.1.1.2 年际变化

各地4—9月平均气温呈波动上升趋势,升温速率为0.148~0.519 ℃/(10 a),其中秦州上升幅度最小,甘谷上升幅度最大。年际变化特点:1991—2000年上升速率最快,为0.175 ℃/a;2001—2015年升温趋势较为平稳,为0.014 ℃/a;2007—2015年,4—9月平均气温基本保持在18.0~18.4 ℃;2016年气温突升,达到近30年最高点,此后呈下降趋势(图5.2)。

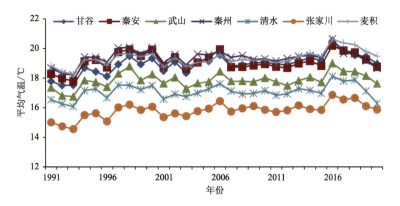

图 5.2　1991—2020 年天水市 4—9 月平均气温时间序列

5.1.1.3　逐旬变化

4—9 月逐旬平均气温变化呈现抛物线状趋势,4 月上旬最低,7 月下旬和 8 月上旬最高,9 月高于 4 月;其中 5 月上旬、5 月下旬、7 月上旬、7 月中旬、9 月上旬、9 月中旬气温近 10 年平均值略低于 30 年(1991—2020 年)平均值,其余时段气温均高于 30 年平均值(图 5.3)。

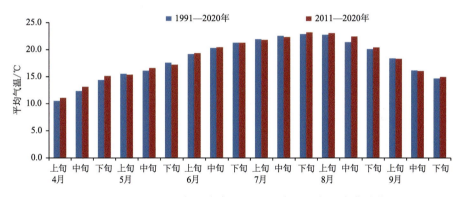

图 5.3　1991—2020 年天水市 4—9 月逐旬平均气温变化趋势

5.1.2　≥10 ℃积温

5.1.2.1　空间分布

1991—2020 年“花牛”苹果主要生长期≥10 ℃积温为 2762～3515 ℃·d,热量条件满足“花牛”苹果生长需求;空间分布与平均气温相似,呈现河谷最高、渭北次之、关山最低的分布格局(图 5.4),以秦州、麦积、秦安、甘谷、武山、清水、张家川的顺序递减,仅张家川低于 3000 ℃·d。2011—2020 年≥10 ℃积温为 2837～3587 ℃·d,较 30 年平均增加约 58 ℃·d,麦积积温最高。

5.1.2.2　年际变化

4—9 月≥10 ℃积温呈波动上升趋势,速率为 42.2～116.3 ℃·d/(10 a),其中秦州上升幅度最小,甘谷上升幅度最大。与平均气温相似,4—9 月≥10 ℃积温 1991—2000 年上升速率最快,2007—2015 年较为平稳,2016 年达到最高点,此后呈下降趋势(图 5.5)。

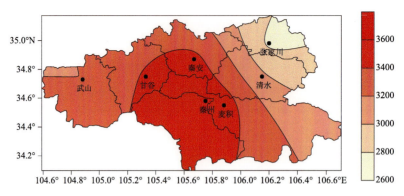

图 5.4　1991—2020 年天水市 4—9 月≥10 ℃积温空间分布（单位：℃·d）

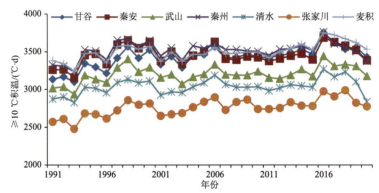

图 5.5　1991—2020 年天水市 4—9 月≥10 ℃积温时间序列

5.1.2.3　逐旬变化

　　4—9 月逐旬≥10 ℃积温同样与平均气温相似，呈现抛物线状趋势，4 月上旬最低，7 月下旬达到最高值，9 月高于 4 月；其中 5 月下旬、7 月上旬、7 月中旬、9 月上旬、9 月中旬积温近 10 年平均值略低于 30 年（1991—2020 年）平均值，其余时段均高于 30 年平均值（图 5.6）。

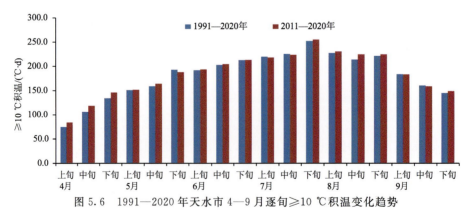

图 5.6　1991—2020 年天水市 4—9 月逐旬≥10 ℃积温变化趋势

5.1.3　气温日较差

5.1.3.1　空间分布

　　1991—2020 年"花牛"苹果主要生长期气温日较差平均值为 11.4～12.8 ℃，有利于"花牛"苹果果实膨大及糖分积累;空间分布以清水、麦积、秦安、张家川、甘谷、武山、秦州的顺序递减(图 5.7)。2011—2020 年气温日较差平均值为 11.1~12.7 ℃,较 30 年平均减少约 0.2 ℃,以清水、麦积、秦安、武山、秦州、甘谷、张家川的顺序递减,秦州、武山气温日较差增大,张家川减少最多。

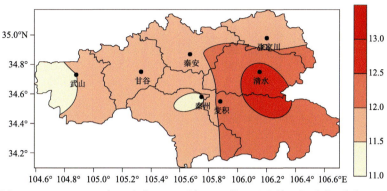

图 5.7　1991—2020 年天水市 4—9 月气温日较差平均值空间分布(单位:℃)

5.1.3.2　年际变化

4—9 月气温日较差平均值变化总体较为平稳,秦州、武山呈缓慢上升趋势,其余地区呈缓慢减少趋势(图 5.8)。1997 年 4—9 月日较差平均值最大,最大值为 14.0 ℃(清水);2010 年气温日较差平均值最小,最小值为 10.0 ℃(张家川)。

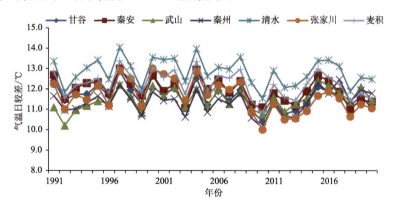

图 5.8　1991—2020 年天水市 4—9 月气温日较差平均值时间序列

5.1.3.3　逐旬变化

4—9 月逐旬气温日较差变化为:4 月呈逐旬增加态势,4 月下旬达到最高值,5—9 月总体呈减少趋势(图 5.9)。4 月下旬、5 月中旬、5 月下旬、6 月中旬、6 月下旬、7 月上旬、8 月上旬、9月上旬、9 月中旬近 10 年日较差平均与近 30 年平均差异较为明显,差相超过±0.6 ℃,其中 4月下旬相差 1.0 ℃,6 月下旬相差−1.5 ℃。

5.1.4　降水量

5.1.4.1　空间分布

1991—2020 年,天水市 4—9 月降水量为 345.5~469.9 mm,基本满足"花牛"苹果

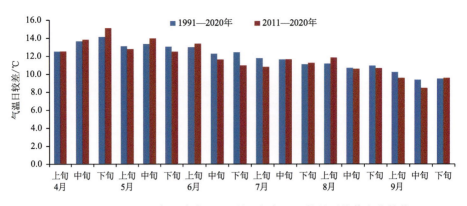

图 5.9　1991—2020 年天水市 4—9 月逐旬气温日较差平均值变化趋势

水分需求;空间分布呈现从西向东递增的趋势,即关山最多、河谷次之、渭北最少的分布格局(图 5.10)。秦州、麦积、清水、张家川降水量>400 mm,甘谷、秦安、武山<400 mm。2011—2020 年 4—9 月降水量为 382.5~529.9 mm,较 30 年平均增加约 55 mm,空间分布与 30 年平均相似,麦积、清水、张家川降水量>500 mm,秦州、甘谷、秦安>400 mm,武山<400 mm。

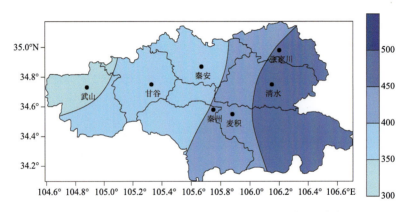

图 5.10　1991—2020 年天水市 4—9 月降水量空间分布(单位:mm)

5.1.4.2　年际变化

4—9 月降水量总体呈波动增加趋势,平均增加速率为 46.5 mm/(10 a)。麦积增加速率最高,为 66.2 mm/(10 a),渭北增加速率最低,平均为 38.3 mm/(10 a)。2013 年降水量最多,清水达 818.5 mm;1997 年降水量最少,武山仅 186.5 mm(图 5.11)。

5.1.4.3　逐旬变化

4—9 月逐旬降水量总体表现为抛物线状变化趋势,1991—2020 年平均降水量在 7 月下旬达到峰值,但 7 月中旬、8 月上旬出现两次明显波动,降水量突减;2011—2020 年平均降水量 7 月上旬和 8 月中旬最多。除 9 月下旬近 10 年平均降水量较 30 年(1991—2020 年)平均降水量明显减少外,其余各旬降水量均增加或持平,其中 4 月中旬、5 月上旬、5 月下旬、7 月上旬、8 月中旬、9 月上旬、9 月中旬明显增加(图 5.12)。

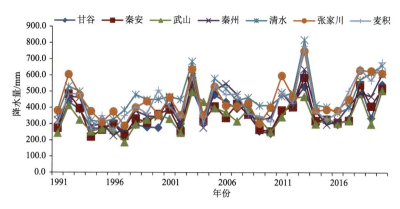

图 5.11　1991—2020 年天水市 4—9 月降水量时间序列

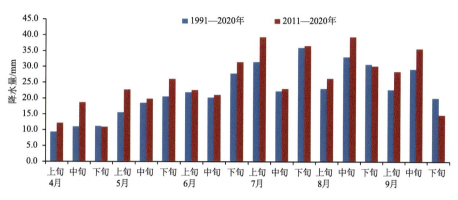

图 5.12　1991—2020 年天水市 4—9 月逐旬降水量变化趋势

5.1.5　日照时数

5.1.5.1　空间分布

　　1991—2020 年,天水市 4—9 月日照时数为 1080~1266 h,有利于"花牛"苹果正常生长及着色;空间分布呈现西部最高、东部次之、中部最低的格局,其中武山最高,秦州最低,其余各地均在 1100~1200 h(图 5.13)。2011—2020 年 4—9 月日照时数为 1045~1204 h,较 30 年平均减少约 39 h,空间分布与 30 年平均基本相似,秦安日照时数增加约 20 h,其余各地均减少,其

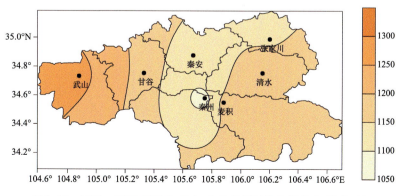

图 5.13　1991—2020 年天水市 4—9 月日照时数空间分布(单位:h)

中甘谷减少近 120 h。

5.1.5.2　年际变化

4—9 月日照时数总体呈波动弱减少趋势,平均减少速率为 37 h/(10 a)。甘谷减少速率最高,为 82 h/(10 a),秦安减少速率最低,为 3 h/(10 a)。2000 年 4—9 月日照时数最多,甘谷达1499 h;1992 年日照时数最少,秦州仅为 860 h(图 5.14)。

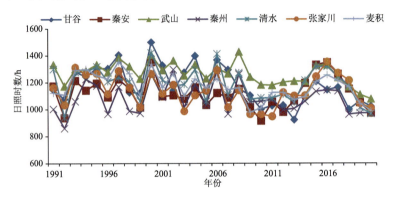

图 5.14　1991—2020 年天水市 4—9 月日照时数时间序列

5.1.5.3　逐旬变化

逐旬日照时数总体较为平稳,其中 1991—2020 年 4—8 月各旬日照时数在 60~80 h,9 月降至 40~50 h。2011—2020 年 4—9 月大部分旬日照时数较 30 年平均减少,5 月上旬、5 月下旬、6 月中旬、6 月下旬、7 月上旬、9 月上旬、9 月中旬减少较为明显,其中 6 月下旬、7 月上旬减少 10 h 以上;4 月中旬、4 月下旬、5 月中旬、7 月下旬、8 月上旬、8 月中旬日照时数呈增加趋势(图 5.15)。

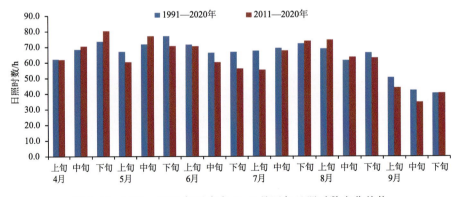

图 5.15　1991—2020 年天水市 4—9 月逐旬日照时数变化趋势

5.2　不同生育时段气候条件分析

5.2.1　花期(4 月)

4 月上旬,天水"花牛"苹果进入花期,下旬进入开花末期至坐果期。开花期间,天水果品主产区多为晴好天气,气温适宜,光照充足,墒情适宜,冻害发生程度一般较轻,有利于果树开花、授粉。

花期平均气温为 9.8～13.7 ℃,降水量为 26.8～35.7 mm,降水日数为 7.3～8.3 d,日照时数为 193～215 h。1991—2020 年花期平均气温增加趋势为 0.61 ℃/(10 a),明显高于主要生长期平均气温增加趋势(图 5.16);降水量增加趋势为 6.9 mm/(10 a),其中,1991—2013 年变化较为平稳,2014—2020 年降水量总体增多(图 5.17);日照时数总体呈增加趋势,变化较平稳(图 5.18)。

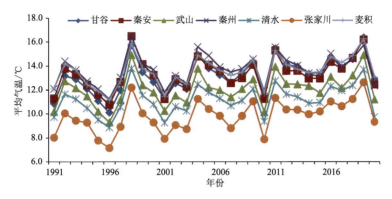

图 5.16　1991—2020 年"花牛"苹果花期平均气温时间序列

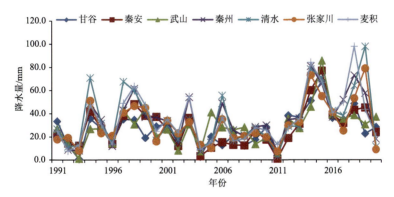

图 5.17　1991—2020 年"花牛"苹果花期降水量时间序列

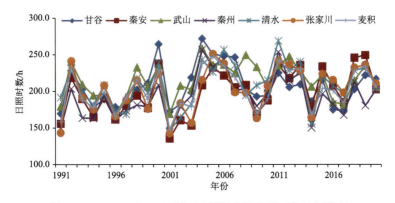

图 5.18　1991—2020 年"花牛"苹果花期日照时数时间序列

5.2.2 幼果期(5月)

5月"花牛"苹果进入幼果期,适宜的温度、充足的降水,为幼果发育提供了良好的气象条件。幼果期平均气温为14.0～17.7 ℃,降水量为49.4～59.3 mm,日照时数为205～227 h。1991—2020年幼果期平均气温增加趋势为0.28 ℃/(10 a),低于主要生长期平均气温增加趋势,且近10年变化更趋于平稳(图5.19);降水量起伏波动较大,最少时仅为3.4 mm(秦安,1995年),最多时达114.2 mm(张家川,2013年),但总体呈增加趋势(图5.20);日照时数变化同样较为平稳,尤其2006年之后波动变化较小(图5.21)。

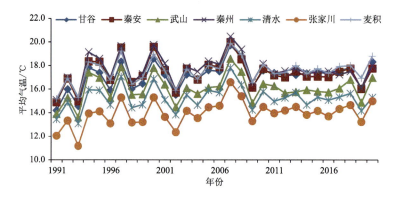

图 5.19 1991—2020年"花牛"苹果幼果期平均气温时间序列

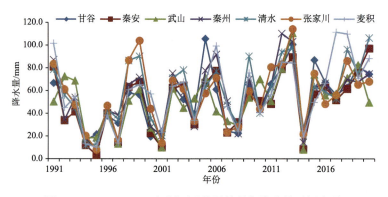

图 5.20 1991—2020年"花牛"苹果幼果期降水量时间序列

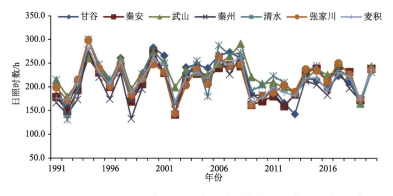

图 5.21 1991—2020年"花牛"苹果幼果期日照时数时间序列

5.2.3　果实膨大期(6—8 月)

6—8 月为"花牛"苹果果实膨大期,平均气温为 18.9～22.5 ℃,气温日较差平均值为 11.3～12.5 ℃,降水量为 210.1～289.3 mm,日照时数为 564～673 h。1991—2020 年果实膨大期平均气温增加趋势为 0.24 ℃/(10 a),同样低于主要生长期平均气温增加趋势,变化平稳(图 5.22);降水量总体呈增加趋势,增加速率为 21.9 mm/(10 a),2/3 的年份降水量 >200 mm(图 5.23);平均日照时数>400 h,但总体变化为略降趋势(图 5.24)。

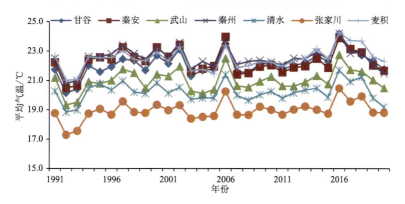

图 5.22　1991—2020 年"花牛"苹果果实膨大期平均气温时间序列

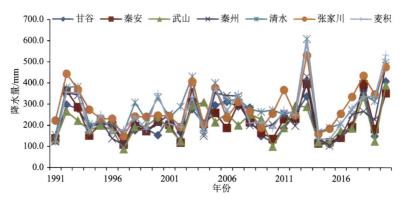

图 5.23　1991—2020 年"花牛"苹果果实膨大期降水量时间序列

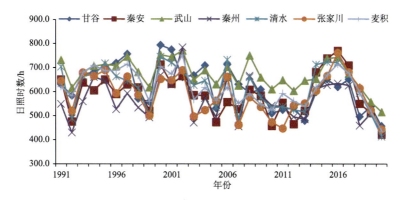

图 5.24　1991—2020 年"花牛"苹果果实膨大期日照时数时间序列

"花牛"苹果果实膨大阶段适宜气温为 18.0~23.0 ℃,适宜降水量为 200 mm 以上,适宜日照时数为 300 h 以上,且昼夜温差保持在 10.0~15.0 ℃有利于果实干物质积累。因此,天水地区 6—8 月气象条件非常适宜"花牛"苹果果实膨大。

5.2.4 着色成熟期(9 月)

"花牛"苹果着色成熟期主要集中在 9 月,平均气温为 14.3~17.4 ℃,降水量为 55.5~85.6 mm,日照时数为 118~152 h。1991—2020 年着色成熟期平均气温增加趋势为 0.16 ℃/(10 a),增加趋势在主要生育期中最为平缓(图 5.25);降水量总体呈略增趋势,增加速率为 6.9 mm/(10 a),2/3 的年份降水量>50 mm(图 5.26);日照时数总体为减少趋势,但仅部分年份<100 h(图 5.27)。进入着色期后,气温适宜、日照充足,气象条件有利于苹果含糖量增加和果实着色。

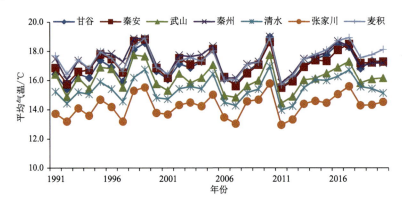

图 5.25 1991—2020 年"花牛"苹果着色成熟期平均气温时间序列

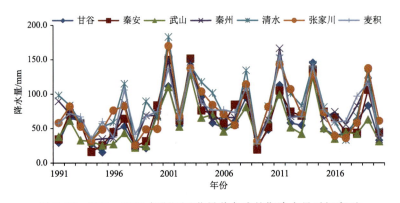

图 5.26 1991—2020 年"花牛"苹果着色成熟期降水量时间序列

5.3 果品气候品质认证案例

5.3.1 案例一

2017 年麦积区花牛镇二十铺村南山坪"花牛"苹果气候品质认证。

5.3.1.1 认证区域和认证产品概况

本认证区域为麦积区花牛镇二十铺村南山坪,属于天水市麦积区南山万亩"花牛"苹果基

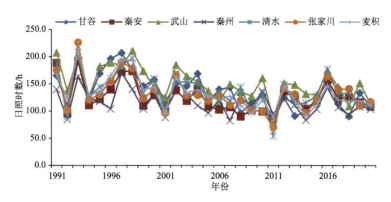

图 5.27 1991—2020 年"花牛"苹果着色成熟期日照时数时间序列

地优质苹果种植区域,是农业部种植业管理司、甘肃省农业农村厅、麦积区人民政府联合认定的"花牛"苹果标准化示范园。天水市麦积区南山万亩"花牛"苹果基地海拔高度 1000～1700 m,其中优质苹果种植区海拔高度为 1100～1500 m,已发展为甘肃省规模最大的优质"花牛"苹果示范性生产基地,是农业部和科技部现代农业示范基地。

5.3.1.2 "花牛"苹果气候品质认证

(1)气象资料来源

本认证所用气象资料来源于麦积区气象局自动气象观测站(34.57°N,105.87°E)2017 年 4 月 1 日—9 月 30 日降水、气温和日照时数观测数据,具有很好的代表性。历年平均值采用 1981—2010 年统计平均值。

(2)2017 年主要生育期气候条件分析

花期(4 月):4 月上旬,麦积区"花牛"苹果进入开花期,下旬进入开花末期。开花期间该区多为晴好天气,平均气温为 14.2 ℃,较历年同期偏高 1.4 ℃,墒情适宜,且无冻害发生,有利于苹果开花、授粉。

幼果期(5 月):5 月"花牛"苹果进入幼果期。幼果期该区平均气温为 18.0 ℃,较历年偏高 0.7 ℃;降水量为 111.4 mm,较历年偏多近 1 倍;日照时数为 230 h,与历年同期持平。适宜的温度和充足的降水,为幼果发育、果实膨大提供了良好的条件。

果实膨大期(6—8 月):6—8 月平均气温为 23.7 ℃,较历年偏高 1.6 ℃;降水量为 282.4 mm,较历年偏多 1 成,但时间分布极为不均;日照时数为 678 h,较历年偏多 1 成。6 月上旬降水特多,有效增加了果园土壤水分,但 6 月中下旬和 7 月中下旬出现了干旱时段,尤其是 7 月中下旬持续的高温干旱导致果树光合作用减弱,树体内有机营养积累减少,造成花芽分化不良,苹果果实膨大受阻,生长减慢。8 月降水偏多,前期旱情得以解除,有利于苹果膨大生长,但下旬出现了连续阴雨天气,对果实着色有一定影响。另外,果实膨大期出现的高温干旱导致部分地块苹果出现果个增大、提前成熟落果的现象。

着色成熟期(9 月):2017 年"花牛"苹果着色期主要集中在 9 月,平均气温为 18.9 ℃,较历年偏高 1.7 ℃;降水量为 60.4 mm,较历年偏少 2 成;日照时数为 120 h,与历年同期基本持平。苹果进入着色期后,气温偏高,降水偏少,日照正常,气象条件总体有利于苹果含糖量增加和果实着色。

①热量条件对比分析

2017 年 4—9 月≥10 ℃活动积温为 3733 ℃·d,较历年偏多 379 ℃·d,其中 5 月上旬、6

月上旬、6月下旬、8月下旬和9月上旬与历年同期基本持平,其余各旬活动积温均较历年偏多。由此可见,2017年"花牛"苹果主要生育期的热量条件优于历年平均值(图5.28)。

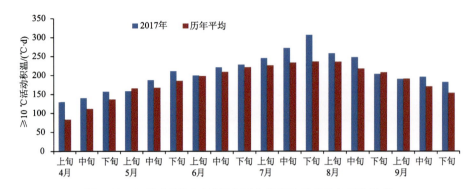

图 5.28　2017 年"花牛"苹果主要生育期热量条件与历年比较

②温度条件对比分析

4月各旬气温持续偏高,有利于苹果开花、授粉,麦积区"花牛"苹果花期较往年提前4—6 d;5月上旬到6月下旬平均气温比历年偏高 0.7 ℃,有利于幼果期的苹果生长发育及一次膨大;7月上旬至8月中旬的持续高温使苹果果实生长速度减慢;8月下旬至9月上旬气温较历年偏低,对苹果后期生长发育进程造成一定影响;9月中下旬气温偏高有利于苹果着色成熟(图 5.29)。

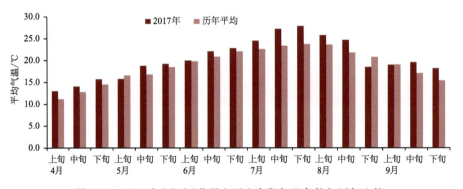

图 5.29　2017 年"花牛"苹果主要生育期气温条件与历年比较

③降水条件对比分析

2017 年 4—9 月降水量为 504.0 mm,比历年偏多 2 成。从各旬来看,4月上旬、5月上旬至 6 月上旬降水充足,为果树正常生长发育、开花和果实膨大提供了良好的水分条件;6月中下旬和 7 月中下旬出现两次干旱时段,降水偏少,导致果园旱情显现并发展,对果实膨大不利;8月上旬的降水及时解除了旱情,下旬又出现连续阴雨天气,充足的降水对苹果后期膨大极为有利;9月降水偏少,有利于苹果着色采摘(图 5.30)。

④日照条件对比分析

2017 年 4—9 月日照时数为 1217 h,比历年偏多 47 h。各旬日照比较表明,除 4 月上中旬、5月上旬、6月上旬和 8 月下旬至 9 月中旬较历年偏少外,其余各旬均偏多。4月中下旬正值苹果花期和坐果时段,光照充足,对提高坐果率非常有利。5月中下旬日照偏多,有利于幼

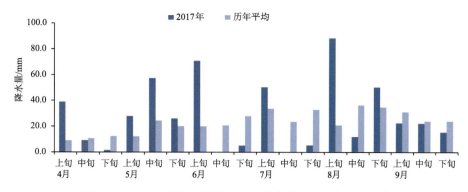

图 5.30　2017 年"花牛"苹果主要生育期降水条件与历年比较

果生长发育。6 月中旬到 8 月中旬光照较历年持续偏多,对苹果膨大极为有利;8 月下旬至 9 月下旬日照时数较历年偏少,对苹果后期膨大与着色有一定影响(图 5.31)。

图 5.31　2017 年"花牛"苹果主要生育期日照条件与历年比较

(3)苹果品质及生长状况分析

①苹果品质分析

a. 可溶性固形物

根据 2017 年观测点 7—8 月平均气温及 7—8 月气温日较差平均值,得出可溶性固形物含量拟合值为 11.8%,实际观测平均值为 12.0%。

b. 含酸量

根据观测点 7—9 月平均气温,得出果实含酸量拟合值为 0.20% 左右,实际观测平均值为 0.21%。

c. 糖酸比

根据观测点含糖量、含酸量数值,得出果实糖酸比拟合值为 59:1,实际观测平均值为 57:1。

d. 硬度

根据观测点 7—9 月平均气温,得出果实硬度拟合值为 6.6 kg/cm²,实际观测平均值为 6.8 kg/cm²。

e. 果形指数

根据观测点 8 月中旬平均日照时数,得出果形指数拟合值为 1.12,实际观测平均值为 1.06。

②果实生长状况

a. 观测地点及方法

观测地点:麦积区花牛镇南山万亩苹果基地(海拔 1256 m)。

观测时段:2017 年 5—9 月。

观测方法:选定 3 株果树东西南北 4 个方位果实各 10 个(共 120 个),编号挂牌;从苹果幼果开始形成到成熟每 5~10 d 进行 1 次测量,观测记录果品纵径及横径,相应方位每次取 10 个样品测定单果重。

b. 生长状况

苹果果实生长包括幼果形成期、果实膨大期和成熟期 3 个主要阶段。2017 年南山坪果园苹果观测起始日期为幼果形成初期的 5 月 5 日,结束日期为果实成熟期的 9 月 22 日。苹果果品生长状况主要观测要素为横径(cm)、纵径(cm)、单果重(g)。观测结果如表 5.1 所示。

表 5.1   2017 年南山坪果园苹果生长状况观测值

观测日期	横径/cm	纵径/cm	单果重/g
5 月 5 日	1.05	0.72	2.65
5 月 15 日	1.67	1.18	7.41
5 月 25 日	2.70	2.04	15.71
6 月 5 日	3.59	2.76	25.74
6 月 15 日	4.41	3.97	40.23
6 月 25 日	5.23	5.16	60.59
7 月 5 日	6.12	6.57	116.29
7 月 15 日	6.52	6.85	156.9
7 月 25 日	7.39	7.83	238.1
8 月 5 日	7.89	8.22	258.6
8 月 15 日	8.43	9.03	282.2
8 月 25 日	8.65	9.23	290.01
9 月 5 日	8.70	9.28	291.34
9 月 15 日	8.73	9.30	291.67
9 月 22 日	8.74	9.30	291.69

苹果品质及生长状况观测表明,南山果园成熟期苹果果实鲜红,色泽艳丽,果实着色度为全红;平均单果重 291 g 左右,去皮硬度为 6.8 kg/cm² ,果个整齐,果面光滑、亮洁;果形端正高桩、五棱突出明显,果形指数为 1.06;果肉黄白色,松脆,汁液多,口感好,可溶性固形物含量为 12.0%;糖酸比为 57∶1。

上述对 2017 年苹果品质及生长状况的分析表明,观测地段果园苹果样品品质为特优。

(4)"花牛"苹果气候品质认证

①认证指标体系得分情况

$$W = 0.3X_1 + 0.5X_2 + 0.2X_3$$

综合三项得分,认证区域"花牛"苹果气候品质认证总得分为 92.1 分。

②气候适宜性区划指标评分

X_1 表示苹果气候适宜性区划指标。根据区划结论，认证区为最适宜区，$0.3X_1$ 项得分 28.5 分。

③当年果品生长气候条件评分

X_2 表示当年果品主要生育期生长气候条件评分值，根据气候资源（α）（表 5.2）及气象灾害情况（β）（表 5.3）评分，$0.5X_2$ 项得分为 44 分。

表 5.2　α 评分情况（采用 6—8 月资料）

项目	≥10 ℃积温	降水量	日照时数	日较差	α 得分
累年平均	1986.5 ℃·d	251.2 mm	615.7 h	11.9 ℃	
2017 年	2180.5 ℃·d	282.4 mm	677.7 h	11.7 ℃	95 分
2017 年与累年平均比较	9.8%	12.4%	10.1%	−1.7%	
得分	100 分	90 分	90 分	100 分	

表 5.3　β 评分情况（采用 4—9 月资料）

灾害名称	花期冻害	高温热害	干旱	暴雨	冰雹	连阴雨	β 得分
出现时间	无	7 月上旬至 8 月中旬	6 月中下旬至 7 月中下旬	无	无	8 月下旬	7 分
得分	0 分	20 分	20 分	0 分	0 分	10 分	

④生产管理评分

根据评定结果，$0.2X_3$ 项得分为 19.6 分（表 5.4）。

表 5.4　X_3 评分情况

	产地环境条件	标准化生产技术	质量安全技术规范	品质抽查
执行标准情况	优越	有严格执行	有严格执行	实地调查
得分	100 分	100 分	90 分	100 分

本认证区处于"花牛"苹果的优质生产区，认证区内生产基地具有标准化的生产技术规范。2017 年，在"花牛"苹果主要生长期出现了高温干旱、连阴雨等不利天气，使得部分地块苹果提前落果、着色较差、糖分降低，对果品品质不利，但总体水热条件及生产管理条件较好，果品品质仍符合各项理化指标要求。根据果品气候品质认证指标体系，本认证区最终得分为 92.1 分。

（5）认定结论

按照果品气候品质认证标准，认定区域内 2017 年果品气候品质等级为特优（图 5.32）。

5.3.2　案例二

2018 年张家川回族自治县荣达果品农民专业合作社"花牛"苹果气候品质认证。

5.3.2.1　认证区域和认证产品概况

本认证区域为张家川回族自治县龙山镇西部四方村、马河村，清水河北岸，正北向阳，地势开阔（海拔 1500 m）。该种植区属于张家川回族自治县荣达果品农民专业合作社，总种植面积 530 亩，地形南北高中部低，呈带形谷地。区域内道路畅通，土地集中连片，土质肥沃，光照充

图 5.32　果品气候品质认证标签(a)和证书(b)

足,周边无厂矿企业,环境污染少,发展果品产业具有优越的自然资源优势,是生产优质"花牛"苹果的理想地域。

根据果品气候品质认证标准,2018 年,张家川回族自治县荣达果品农民专业合作社区域内"花牛"苹果,因 4 月初低温冻害对花序分离期和开花初期的影响,产量明显减少,但成活产品气候品质等级为优。

5.3.2.2　主要生育期气候条件分析

(1)气象资料来源

认证所用气象资料来源于张家川回族自治县气象局自动气象观测站(34.98°N,106.2°E)2018 年 4 月 1 日—9 月 30 日降水、气温和日照时数观测数据。历年平均值采用 1989—2010 年统计平均值。

(2)2018 年果树主要生育期气候条件分析

花期(4 月下旬至 5 月上旬):4 月中旬后期至下旬,张家川西部"花牛"苹果进入开花初期至盛期,5 月上旬进入开花末期。开花期间,平均气温为 12.5 ℃,较历年同期偏高 0.4 ℃;降水特多,土壤墒情良好,对前期受冻果树有非常好的恢复作用,有利于苹果开花、授粉。

幼果期(5 月中旬至 6 月上旬):幼果期平均气温为 15.7 ℃,较历年同期偏高 0.8 ℃;降水量为 103.9 mm,较历年同期偏多 8 成;日照时数为 252.6 h,较历年同期偏多 2 成。光温水匹配较好,为幼果发育提供了良好的气象条件。

果实膨大期(6 月中旬至 9 月上旬):平均气温为 20.0 ℃,较历年同期偏高 1.3 ℃;降水量为 420.3 mm,较历年同期偏多 6 成,暴雨天气频繁,盛夏出现少雨干旱时段;日照时数为588.4 h,与历年持平。6 月中旬至 7 月中旬期间出现 5 次大到暴雨天气,有效增加了果园土壤水分,但阴雨日数多,果园湿度大,果实膨大生长减慢。7 月下旬降水特少,日照充足,有利于果树光合作用,由于前期降水特多,水分条件适宜,有利于树体内有机营养积累,花芽分化良好,果实膨大增速,生长加快。8 月气温特高、降水正常、日照充足,总体气候条件有利于果实膨大生长。

着色成熟期(9 月中下旬):2018 年"花牛"苹果着色期主要集中在 9 月中下旬,平均气温为13.4 ℃,与历年同期持平;降水量为 24.6 mm,较历年同期偏少 5 成;日照时数为 90.9 h,与历年同期持平。进入着色期后,气温正常、降水偏少、日照充足,气象条件有利于苹果着色成熟。

①热量条件对比分析

2018 年 4—9 月≥10 ℃活动积温为 2990 ℃·d,较历年同期偏多 277 ℃·d,其中 5 月下旬、6 月上旬、7 月上旬、9 月下旬较历年同期略偏少,9 月上旬与历年同期持平,其余各旬活动积温均较历年同期偏多。由此可见,2018 年"花牛"苹果主要生育期的热量条件优于历年同期(图 5.33)。

图 5.33　2018 年"花牛"苹果主要生育期热量条件与历年同期比较

②温度条件对比分析

2018 年"花牛"苹果生长期(4—9 月)平均气温为 16.7 ℃,较历年同期偏高 1.1 ℃;夏季(6—8 月)平均气温为 19.9 ℃,较历年同期偏高 1.2 ℃,热量条件适宜果树生长。4 月各旬气温持续偏高,花期较历年平均提前 3~5 d;5 月上旬到 6 月下旬平均气温为 16.3 ℃,比历年同期偏高 0.6 ℃,有利于幼果期的苹果生长发育及一次膨大;7 月中旬至 8 月下旬各旬平均气温在 19.9~22.5 ℃,在此期间未出现持续高温天气,苹果果实生长速度较快。同时热量充足,花芽分化良好,果大果甜,色泽亮,耐贮藏。秋季 9 月白天最高和夜间最低平均气温相差12.3 ℃,气温日较差大,果实含糖量增高、果皮增厚、果粉增多(图 5.34)。

图 5.34　2018 年"花牛"苹果主要生育期气温条件与历年同期比较

③降水条件对比分析

2018年4—9月降水量为632.5 mm,比历年同期偏多5成。从各旬情况来看,4月上中旬、5月上旬至6月上旬、6月下旬至7月中旬降水偏多到特多,降水充沛,为果树正常生长发育和果实膨大提供了良好的水分条件;6月29日—7月4日、7月7—11日出现2次连阴雨天气,阴雨日数多,果园湿度大,果实膨大生长速度减慢。7月下旬至8月中旬出现少雨天气,及时有效补充光照,提高果树光合作用,增加果实生长速度。8月下旬至9月上旬,降水量持续偏多,土壤水分及时得到补充,对果实膨大生长十分有利(图5.35)。

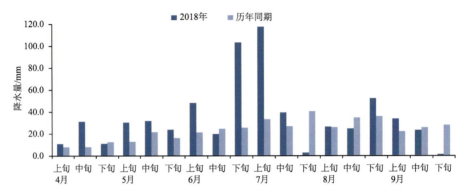

图5.35 2018年"花牛"苹果主要生育期降水条件与历年同期比较

④日照条件对比分析

2018年4—9月日照时数为1215 h,比历年同期偏多47 h。从各旬日照比较,除4月下旬、5月上旬、6月下旬、7月上中旬和9月中旬较历年同期偏少外,其余各旬均偏多;4月下旬正值花期和坐果时段,日照偏少,对开花和授粉受精不利;5月中下旬日照偏多,有利于幼果生长发育;6月下旬到7月上中旬日照较历年同期偏少,但7月下旬至8月下旬日照持续偏多,对果实膨大极为有利;9月日照时数总体正常,对果实着色有利(图5.36)。

图5.36 2018年"花牛"苹果主要生育期日照时数与历年同期比较

(3)苹果品质及生长状况分析

2018年5—9月,在苹果幼果形成期、果实膨大期和成熟期3个主要阶段,对张家川回族自治县龙山镇西部四方村、马河村荣达果园(海拔1500 m)"花牛"苹果果品生长状况(横径、纵径、单果重)进行观测。具体时间为幼果形成初期 5 月 20 日至果实成熟期 9 月 28 日,观测结果如表 5.5 所示。

　　观测结果表明,2018 年张家川回族自治县龙山镇西部四方村、马河村荣达果园成熟期花牛苹果果实鲜红,色泽艳丽,着色度为全红;平均单果重 265 g 左右,去皮硬度为 8.2 kg/cm²;果个整齐,果面光滑、亮洁;果形端正高桩、五棱突出明显,果形指数为 0.90;果肉黄白色,松脆,口感好,可溶性固形物含量为 12.0%,含酸量为 0.21%,糖酸比为 59.8:1。观测地段果园 2018 年"花牛"苹果样品品质为优。

表 5.5　2018 年荣达果园苹果生长状况观测值

观测日期	横径/cm	纵径/cm	单果重/g
5 月 20 日	0.82	0.56	2.12
5 月 30 日	1.51	1.11	4.33
6 月 5 日	2.10	1.82	10.28
6 月 15 日	2.43	2.12	19.23
6 月 25 日	3.03	2.86	31.71
7 月 5 日	4.16	4.19	39.22
7 月 15 日	4.98	4.87	69.35
7 月 25 日	5.58	5.35	78.65
8 月 5 日	6.13	5.68	132.32
8 月 15 日	6.33	6.09	198.12
8 月 25 日	6.97	6.76	221.54
9 月 5 日	7.23	7.14	248.91
9 月 15 日	8.19	7.98	259.23
9 月 28 日	8.68	8.21	265.32

5.3.2.3　气候品质认证得分

　　(1)认证指标体系得分情况

　　根据区划结论,认证区为最适宜区,$0.3X_1$ 项得分 28.5 分;根据气候资源(α)(表 5.6)及气象灾害情况(β)(表 5.7),$0.5X_2$ 项得分为 37 分;根据荣达果园生产管理条件,$0.2X_3$ 项得分为 19.0 分(表 5.8)。

表 5.6　α 评分情况(采用 6—8 月资料)

项目	≥10 ℃积温	降水	日照时数	气温日较差	α 得分
累年平均	1727.1 ℃·d	268.8 mm	580.6 h	11.3 ℃	
2018 年	1834.7 ℃·d	434.8 mm	614.5 h	9.7 ℃	82 分
2018 年与累年平均比较	6.2%	61.8%	5.9%	−14.2%	
得分	100 分	50 分	100 分	90 分	

表 5.7 β 评分情况(采用 4—9 月资料)

	花期冻害	高温热害	干旱	暴雨	冰雹	连阴雨	β 得分/分
出现时间	4月6—8日	无	无	6月24—25日;7月1—2日、10—11日	无	6月29—7月4日;7月7—11日	8
得分/分	20	0	0	10	0	10	

表 5.8 X_3 评分情况表

	产地环境条件	标准化生产技术	质量安全技术规范	品质抽查
执行标准情况	优越	有严格执行	有严格执行	实地调查
得分/分	100	90	90	100

综合三项得分,张家川回族自治县龙山镇西部四方村、马河村荣达果园"花牛"苹果气候品质认证总得分 84.5 分。

2018 年,在苹果主要生长期认证区域出现了低温冻害、暴雨、连阴雨等不利天气,使得苹果花期受冻、花果脱落、挂果率减少、影响着色,但总体光、温、水条件及生产管理条件较好,果品品质符合各项理化指标要求。根据果品气候品质认证指标体系,本认证区域最终得分为 84.5 分,果品气候品质等级为优。

第 6 章
"花牛"苹果果园管理及防灾减灾措施

6.1 果园管理技术

6.1.1 "花牛"苹果周年管理重点

"花牛"苹果周年营养分配的动态特点为:春季为局部供应期,春末夏初为多器官竞争期,6月中旬至9月上旬为均衡分配期,秋季到落叶前为向下集中分配期,而冬季则为养分积累期。苹果树营养物质的合成、积累和转化是其生长和结果的基本规律,在一定的树龄、生态条件、管理水平下,每年合成的光合产物是有限的。春季的管理重点是保花保果,初夏管理重点是促进花芽分化,夏秋季是保证果实正常的发育膨大。从果树的产量而言,只有保证三个要素才能达到目的,即成花量多少、坐果率高低和果实大小。因此,其栽培技术的实施应着眼于:①最大限度地提高果树营养物质的合成和积累水平;②最大限度地把营养物质转化到花芽分化和果实膨大中去;③最大限度地减少营养物质的无效消耗,通过树势调节,防止早衰或虚旺,达到壮树、稳产、优质、高产目的。

6.1.1.1 开春管理要点

(1)查治腐烂病

果树粗翘皮常常隐藏着多种病害,如山楂红蜘蛛、星毛虫、小卷叶虫、腐烂病等。冬剪结束后,自2月中旬起重点检查主干、枝杈、剪锯口,发现腐烂病要及时涂波美10度石硫合剂加入"护树将军"100倍液,半月后再涂一次。

(2)施肥灌水,覆膜保墒

上年秋冬没有施基肥的果园,应在解冻后随即施入。施肥后如有灌溉条件的园地应浇水一次,并及时浅锄保墒。旱地果园应采取顶凌耙保墒,而后施肥,再速将园地整平拍光保墒。

施肥要求:一是尽量不伤直径0.5 cm的根;二是树盘追肥部位应与主干保留20～30 cm,以免伤害主干。

(3)刻芽、抠芽

一般苹果品种枝条中后部芽子不易萌发,尤其缓放枝常常为"光腿枝"。为促使需枝部位萌芽抽枝,减少光腿,应于3月底至4月初,在需萌芽枝的上方(中心主枝)或前方(斜生主枝及辅养枝)0.5 cm处用利刀或小锯条伤及木质部的1/4～1/3。随之将中心主枝的竞争(枝)、芽、主枝和辅养枝的背上(枝)芽抠除,以免萌发抽枝,浪费营养,扰乱树形。

(4)熬制、喷布石硫合剂

石硫合剂是一种广谱、高效、残效期较长,且成本低的杀菌、杀螨、杀虫剂,尤其是果树萌芽前后喷布较高浓度,对降低多种病虫基数、减少全年用药、降低成本效果十分显著。

（5）复剪、疏蕾

复剪：一是对于过旺适龄不结果的树，可将冬剪延迟到发芽后，以缓和树势；二是较旺果树除骨干枝冬剪外，其他枝条推迟到发芽后再剪，以缓和枝势；三是进入结果期的果树按目标产量，如花量过多，可短截一部分中长花枝、缩剪串花枝或疏掉弱短花枝，以减少花枝量，增加预备枝。

疏蕾：苹果树尽早疏蕾，能节省营养，有利于坐大果，促果高桩。同时，增强树势，促使春梢生长，弥补冬剪不足。

（6）喷肥、放蜂

进入初花期（5%中心花开放），应及时喷一次 0.3%硼砂加 0.1%尿素＋1%蔗糖水溶液或在花期后和幼果期进行叶面追壮果肥，可用 0.3%～0.5%的尿素＋瓜果壮蒂灵，对提高坐果率和膨大果实效果明显。果实膨大期需大量的营养和水分，只有健壮的母体和健康的疏导系统，才能满足果实发育的生理需要。因此，果树进入盛花期后，需再喷一次 0.3%硼砂加 1%蜂蜜水溶液＋瓜果壮蒂灵，以增加养分，有利于授粉坐果。花期距果园 500 m 以内放置一箱蜜蜂，可保证授粉 10 亩左右，提高坐果率 30%～50%。

6.1.1.2 夏季管理要点

夏季"花牛"苹果进入花芽分化期，果实开始迅速膨大，营养器官同化功能最强，光合产物上下输导，合成和贮藏同时发生，树体消耗以利用有机营养为主。此期管理水平直接影响当年果质的优劣、产量的高低、成花的数量与质量。

管理技术：①花后视情况追施氮肥，辅以磷钾肥，必要时灌水一次，防止落花落果。②强旺树要注意控冠促花，如拉枝、拿枝软化、环剥或环切等，促生中短枝，达到以花缓势、以果压冠之目的。通过夏剪疏密清膛，打开层间，改善树体光照条件。同时，注意保护叶片，提高光合强度，增加同化产物。③加强土肥水管理，追肥以磷钾为主、氮肥为辅，促进花芽分化和果实膨大。④控制树体后期旺长，通过各种措施控制秋梢，改善果实着色条件。⑤重视病虫预测预报，适时综合防治。

修剪技术：苹果树夏季修剪对加速培养结果枝组，尤其对缓慢促花、提高坐果率有明显的作用。

拉枝、扭梢：一般在花芽分化前（即 6 月中下旬）进行拉枝和扭梢，时间以中午为宜，因中午枝条软、韧、不易折断。

环剥（割）：以 6 月下旬为宜。环剥的方法就是在强旺枝干的基部将树皮剥去一圈，宽度根据树体长势、枝条粗细确定，以剥后一个月能愈合为原则。

摘心：对象主要是 1～3 年生幼树或高接树。方法是当新梢长到 50 cm 左右时，剪去 10～15 cm，这样剪口下的侧芽可以抽生 2～5 条二次枝，促枝量成倍增长，为早期丰产创造条件。

疏梢：在 8 月疏除树体上生长的徒长枝、竞争枝、直立枝和密挤枝，以节省养分，改善光照，促使留下的枝芽生长健壮，及早成花结果。

短截：时间一般以 7 月中旬为宜，短截的对象以剪截着生在一年生枝顶端新梢附近的侧枝新梢和背上新梢为主。

8 月修剪要点：

① 对树体外围旺、密的新梢及背上多余的密生枝、徒长枝、直立枝及重叠枝、内向枝、竞争枝、病虫枝等进行剪除，以改善光照，促进花芽发育和枝条成熟。

② 对二年生长放枝,在一、二年生交界处修剪,以促进花芽形成;对一年生新梢,在春秋梢交界处修剪,以利于多抽短枝。

③ 对当年生枝摘心,可促发侧枝,有利于扩冠;对夏季摘心后的辅养枝副梢再次摘心,可促其多分枝,提前培养结果枝组。

6.1.1.3 秋季管理要点

秋季"花牛"苹果树从果实采收到落叶,已完成周期生长,所有器官体积不再增大,只有根系还有一次生长高峰,但吸收的养分大于消耗的营养,充分提高树体贮藏营养是果树丰产、优质、稳产的重要保证。

管理技术:①秋施基肥注意重施有机肥,注重生物肥,增施化肥,补充微量元素肥。②因地制宜,适时采收,节约树体营养。③重视拉枝,开张角度,改善树体光照条件。④保护叶片,及时喷氮,防止早衰脱落,充分提高树体光合能力。⑤注意控制病虫为害,防止落叶和采前落果。

秋季整形修剪技术:苹果树秋季拉枝、修剪,对缓和树体长势、促进成花、提高幼树的抗寒越冬能力具有重要作用,具体做法如下。

9月,对侧生分枝及中心干上80～100 cm的延长枝拉成70°～80°,拉枝时应与辫、拧、圈等结合,这种方法尤适于短枝型品种和矮化砧的纺锤形整枝。秋季修剪伤口易愈合,果品采收后对过高、过密、过长的大枝应进行疏缩。

6.1.1.4 休眠期管理要点

冬季"花牛"苹果基本处于休眠期。休眠期树体活动比较微弱,适于整形修剪。

管理技术:①冬前应采取对树体涂白或主干束草等措施,提高果树抗寒能力。②旱地或缺水果园在昼消夜冻之时,全园灌水一次,对果树安全越冬十分有利。③冬季果树贮藏营养大部分已运输到根系和枝干中,此时剪去无用枝可节省大量养分,有利于来年树体生殖生长,并增强树势。

冬剪技术要点:

①观察果树品种。不同品种的苹果树,其萌芽力和成枝力多不相同。萌芽力和成枝力强的品种,修剪量要大,修剪时要多疏少截,改善光路条件;萌芽力或成枝力不强的品种,控制修剪量,否则会造成树冠缩小,枝条光秃等现象。

②观察树势强弱。同品种、同树龄的苹果树,对幼树和强旺树的修剪程度以缓放为主,以促进花芽形成,增加结果量。

③观察花芽情况。在准确分清花芽的前提下,当花芽过多时,采取疏花修剪,多留顶花芽,达到控制花芽总量和花芽叶芽比例的合理化。

④修剪后封闭伤口。苹果树修剪时会形成很多伤口,一定要采取有效措施加以保护。修剪枝条时,修剪口一定要平滑,以利于愈合;边修剪边涂抹"愈伤防腐膜"封闭剪锯伤口,促进伤口愈合,达到早结果早丰产之目的。全园修剪完毕后,认真细致清理果园内杂物,及时喷洒护树将军100倍液消毒保温防冻,以利于果树安全休眠。

6.1.2 关键生长期及储藏期管理要点

6.1.2.1 疏花疏果期管理要点

结合当地气象条件,早疏花序、及时疏幼果、适当推迟定果,以避免或减轻花期冻害对坐果的影响。

（1）及早疏花序

将原来在花序分离时开始疏花的工作提前到花序伸长时期进行。按照疏花疏果的总体要求，在需要留果的位置上留完整花序，不需要坐果的花序全部疏除。这样可避免疏花对所保留的花朵造成近距离伤口，阻止低温对伤口的冷冻危害，以防影响所保留的花朵或幼果，避免或减轻晚霜冻对适期开展疏花果园的危害。

（2）及时疏幼果

当坐果稳定、预计不会再出现比较严重的冷空气（寒流）时即要疏果。疏果保险期应确定在4月底或5月初。过早天气不稳定，会遭受冻害；过晚则由于过量的幼果消耗营养，产生大量抑花激素，抑制随之而来的花芽分化，影响应保留果实的前期生长发育。一般疏幼果应在5月上中旬结束，做到每花序留单果。

（3）适当推迟定果

一般在疏花疏果过程中，为保险要多留10％左右的花果。由于幼果生长发育过程中，果实会受到气候、病虫、鸟害和生产操作的伤害，形成畸形果、伤残果或小果，为减少不合格果品的留树数量，保证当年优质品的比率，要适当延迟定果时间。

6.1.2.2 着色期管理要点

（1）地面铺设反光膜增光着色

在树冠下铺设反光膜，促进果实着色。一般每行树冠下离主干0.9 m处南北向每边各铺一幅宽1 m的反光膜，株间一幅用剪刀裁开铺放中间，两边各1幅，行间留1～2 m作业道；将反光膜边缘用石块、瓦片压实；采果前将反光膜回收、洗净、晾干，备第二年使用。

（2）疏枝

苹果采前20～30 d开始疏枝，以增加果实的浴光量，增加着色。

（3）摘叶

首先摘除贴果叶片和果台枝基部叶片，适当摘除果实周围5～10 cm范围内枝梢基部的遮光叶片；采前7～10 d，摘除部分中长枝下部叶片，摘叶量一般控制在总叶量的30％左右。

6.1.2.3 储藏期小气候调控

苹果采收储藏后，由于长时间处于塑膜封闭环境，加之储藏初期果品失水较快，形成袋内高温、高湿小气候环境，对苹果苦痘病、虎皮病的发生十分有利。

二氧化碳中毒是由苹果呼吸放出的二氧化碳在果袋内积累，形成袋内二氧化碳浓度过高，抑制果体过氧化物酶系统功能正常发挥所导致。二氧化碳中毒使果肉、果心局部组织出现褐色小斑块，食之味苦，整个果味变淡。缺氧伤害则是因储藏环境中氧浓度偏低、果实长时间缺氧、呼吸中毒引起。缺氧伤害使果肉至果心组织坏死，并有浓烈发酵味。

上述病害均可通过对储藏环境进行小气候调控，采用适当的通风、降温、降湿措施加以预防。

6.2 气象灾害防御措施

6.2.1 霜冻防御措施

6.2.1.1 延迟萌芽开花和疏花疏果

根据气象部门发布的天气预报和灾害预警，有条件的果园，在强降温天气发生前1～2 d进行大量灌水，能降低地温、延迟果树开花时间，避免冻害。同时，冷空气来临时，水汽凝结散热,达到保温防冻的效果。喷施化学物质,如萌芽前全树喷 250～500 mg/kg 萘乙酸钾盐,可延迟萌芽;萌芽初期喷 150～400 mg/kg 脱落酸溶液或 0.5％氯化钙,可推迟花期。冬季或早春树盘覆草,早春树干、主枝涂白(涂白剂配置比例为 5 份生石灰＋2 份食盐＋0.1 份植物油＋20 份水),可减缓树体温度上升,推迟花芽萌动和开花。对易发生低温冻害的果园和树种,应延迟疏花疏果和以花定果,时间推迟到冻害结束后再进行。

6.2.1.2 果园喷水及喷施营养液

在霜冻来临前气温临近 0 ℃时,向树体喷水,水结冰时放出潜热,提高气温,可在一定程度上防止或减轻危害。花芽膨大时,在霜冻害来临前,全树喷洒碧护、芸苔素内酯、海岛素等多功能叶面肥,增强细胞活力,提高植物抗逆能力,减轻霜冻危害。

6.2.1.3 果园熏烟提温

熏烟法是应用最为广泛的一种方法。霜冻来临前 1～2 h,在果园利用秸秆、锯末、智能烟雾发生器、背负式烟雾发生机等制造烟雾,发烟防霜冻。具体方法为:提前将烟堆置于果园上风口处,一般每亩堆放 4～6 堆(烟堆的大小和多少由霜冻强度和持续时间而定),均匀分布在各个方位。草堆高 1.5 m、底径 1.5～1.7 m,堆草时直插、斜插几根粗木棍,垛完后抽出做透气孔。草堆内层为干燥的柴草,草堆外面覆一层湿草或盖一层薄土,这样烟量足且持续时间长。熏烟材料可用作物秸秆、杂草、落叶等能产生大量烟雾的易燃材料或发烟剂(3 份硝酸铵、8～10 份锯末、3 份柴油充分混合)。入夜后密切关注温度变化,当园内气温在花蕾期降至－2.5 ℃、花期－1.0 ℃、幼果期－0.5 ℃时点燃烟堆,熏烟提温。

6.2.1.4 防霜设施防霜

推广应用果园防霜机、"三防棚"等防霜设施。防霜机是类似家用电风扇的巨型风扇,利用钢管将一种特制的风扇架在离地面某一高度处,当霜冻发生时,防霜机将上方较高温度的空气不断吹送至下方果树低温空间。其防霜原理一是提高了地面温度,避免果树温度降至 0 ℃以下;二是搅动果园近地空气,形成微域气流,吹散水汽,减少露水形成,阻止霜(水汽凝结形成的冰晶)的生成;三是即使形成霜时,也可减缓化霜速度,从而减轻果芽的二次冻害。在已安装防霜机的果园,配合地面点火,搅动果园滞留冷空气,可提高防霜效果。搭建"三防棚"的果园,要及时扣棚升温防霜。

6.2.1.5 加强果园综合管理

生产实践证明,结合施肥,混合施入持力硼,改良土壤培肥地力,强壮树势,合理修剪,做好病虫害防控的果园,在冻害发生时,受害程度明显轻于粗放管理的果园。

6.2.1.6 合理建园

一般山区或洼地冷空气易聚集,常造成霜冻。因此,新建果园尽量避免低洼地区,选择缓坡地带,并营造好果园防风林。同时,选用抗霜冻能力强、花期较晚、生长期短的树种或品种,这是防御霜冻害最为经济的方法。

6.2.1.7 果树遭受霜冻后的补救措施

加强树体管理:通过加强肥水、花果管理,促进恢复树势。可喷布碧护、硕丰 481、天达 2116、磷酸二氢钾、氨基酸钙、硼砂等多功能叶面肥,辅助授粉,提高坐果率。

防止病虫害发生:树体受冻后,前期树体长势变弱,6—7月后容易旺长,极易发生病虫害,应及时喷药保护,尤其是病害的防治。

调控树体负载:受害枝、叶、果短期内不要急于修剪或摘除,应采取晚疏果、多留果的方法,保留未受害或受害轻的果实,保证多结果、结好果,挽回霜冻造成的损失。同时对树体要拉枝开角,控制营养生长,让其自然恢复。5月中旬对霜冻造成危害且不能恢复的枝条应及时剪除或回缩到健壮部位,促使其重新萌发抽枝。

6.2.2 干旱防御措施

6.2.2.1 加强干旱监测预报

开展土壤墒情监测和土壤含水量预报,指导适时开展人工增雨作业。尤其注意夏季、秋季及冬季的蓄水工作,这样既能抵御冬季寒冷,防止春季干旱,又能保证果实膨大期不受初夏干旱威胁。合理开发利用空中水资源,改善生态环境,推广应用喷灌、滴灌等节水灌溉技术,提高水资源利用效率。

6.2.2.2 加强果园管理能力

一是合理密植。在少雨缺水的立地条件下,合理密植可使果树获得充足的水分、养分,实现优质丰产;二是合理修剪。抗旱较为理想的树形是自由纺锤形和细长纺锤形,实行以花定果,合理负载,限制产量,增加叶片通风透光,减少树体养分的无效消耗及蒸腾无谓耗水。三是合理施肥。加大投入,增施有机肥,改变偏氮的施肥习惯,实行测土配方施肥,增强树势,提高果树抗旱力。四是果园深耕。深耕结合细耙是防止土壤水分蒸发的有效措施,雨后及时中耕除草,减少水肥流失,增加保墒。五是修建梯田。山地、旱坡地和丘陵地果园修建梯田和鱼鳞坑,进行等高栽植,蓄积降雨到行内和树下,提高局部土壤的水分利用能力,增加抗旱性。

6.2.2.3 采取果园保墒措施

(1)地膜覆盖:在果树的行间或树盘下覆盖地膜,可以明显降低土壤地表蒸发,增加土壤含水量,提高早春地面及空气温度。

(2)适时灌溉:有条件的果园应适时灌水,果实膨大期要依据土壤墒情进行灌溉,及时补充土壤水分,降低干旱对果实生长的影响;无灌溉条件的果园应采取树冠喷水等方法,改善果园湿度,降低气温,及时补充果实在高温时由于呼吸加大而消耗的水分,减少日灼发生。

(3)浅耕耙平:对冬春尚未翻耕的果园进行浅耕,浅耕深度为5~10 cm,打碎、耙平土块,以切断表层土壤毛管,减少土壤下层水分蒸发。

(4)果园生草和覆盖:果园种草留5 cm左右刈割,并将割下的草覆盖于树盘下,减少树盘土壤的水分蒸发。同时可实行果园覆草,全园覆草亩用秸秆量为3000~4000 kg,树行覆草亩用秸秆量为1500~2000 kg,每年增加覆草,厚度保持在15~25 cm。

(5)其他措施:对于干旱发生的高风险区,加大绿化力度,减少地表水分蒸发。同时因地制宜推广耐旱品种果树种植。

6.2.3 高温热害防御措施

6.2.3.1 适时浇水

夏季出现高温时,果园应适时浇水,改善土壤水分供应和果实膨大对水分的需求,降温增湿,缓解高温强光对果实的危害。浇水切忌大水漫灌,应以小水勤灌为宜。

6.2.3.2 树体喷水

当气温达35 ℃时,于17时以后向树体喷水降温增湿,改善果园小气候,缓解高温和太阳直射对树体和果实的伤害。

6.2.3.3 遮阳防晒

在条件允许情况下,可以使用遮光网来避免阳光直射树体和果实。

6.2.3.4 合理修剪

修剪时适当多留西南侧果树枝条,增加枝条叶片数量,以减少阳光直射果树枝干和果实。

6.2.3.5 树盘覆盖

高温干旱时,在树盘上覆盖一层 20 cm 厚的秸秆、草或麦糠等,既可保墒,也可预防日灼病的发生。

6.2.3.6 叶面喷肥

7—8 月在果园喷施叶面肥,既能减轻日灼病发生,又可促进果实发育,提高果品品质。

6.2.4 冰雹防御措施

6.2.4.1 植树造林

改变果园所在山区冰雹形成的热力条件,是减轻冰雹灾害的有效途径。通过植树造林,改变地表生态环境,减弱近地面急剧增温,控制积雨云对流强度,起到减少冰雹发生的作用。

6.2.4.2 合理布局

冰雹灾害有较强的时间和空间分布规律,冰雹灾害有其相对集中的发生时段,通过合理规划果树种植布局,达到避灾目的。

6.2.4.3 人工防雹

积极适时实施人工影响天气防雹、消雹作业和果园防雹网工程的同步建设,是预防冰雹、大风等灾害性天气对苹果生长影响的有力举措。近年来,在天水市委、市政府的领导和大力支持下,天水市人工影响天气指挥中心已发展成为西北地区人工影响天气指挥业务示范点。截至 2022 年,在全市建成 111 个人工防雹基地,自主研发了天水市人工影响天气作业指挥应用软件,每年发射人工防雹炮弹 8000～12000 发,极大减轻了雹灾影响和危害,有效保护面积达 200 余万亩,为"花牛"苹果提质增效保驾护航。

6.2.4.4 果园管理

雹灾过后及时补救,清理果园内被冰雹砸坏的烂叶、残枝和烂果,人工摘除树上受损严重的果实,减少树体不必要的养分消耗,并做深埋处理,使病源和病害及时得到遏制,避免流行病害暴发。同时,及时给遭受冰雹灾害的果园疏松土壤、撒草木灰,并追施有机肥,保证果树营养充足,促进果树生长发育。

6.2.5 暴雨防御措施

6.2.5.1 排水

雨后及时疏通水淹果园排水渠道,排出果园积水,并清除淤积在枝叶上的泥浆及悬挂在植株上的杂物,扶正被洪水冲倒的树株,必要时可用支架进行支撑、固定,促进果树尽快恢复正常生长发育。排水后,可扒开树盘周围的土壤晾晒、散墒,促进水分蒸发,待经历 3 个晴好天气后再覆土。外露树根要重新埋入土中;可用 1∶10 的石灰水刷白外露树干和树枝,并用稻草或麦秸包扎,防止因暴晒造成树皮开裂。

6.2.5.2 中耕

水淹后,果园土壤板结,易引起果树根系缺氧。因此,当土壤稍干后,应抓紧时间中耕。中耕时要适当增加深度,将土壤混匀、土块捣碎。

6.2.5.3 追肥

果树受涝后,根系受到损伤,吸收肥水的能力变弱,不宜立即进行根部施肥。可用0.1%~0.2%磷酸二氢钾或0.5%尿素溶液进行叶面追肥,待树势恢复后,再施用腐熟的人畜粪尿、饼肥或尿素,促发新根。

6.2.5.4 修剪

及时剪除断裂的树枝,清除落叶落果。对伤根严重的果树,及时疏枝、剪叶、去果,以减少蒸腾量,防止树枝死亡。

6.2.5.5 防治病虫害

果树涝后易滋生病虫害,要及时喷洒一遍高效农药,防止病虫害发展蔓延。

6.2.5.6 适时采收

受淹时间较长的果园,要提前采收;受灾较轻和未受灾的果园要分级分批采收;晚熟品种尽量不要早采,以避免集中上市导致果价下跌;采前及时摘叶、转果,有条件的果园提倡铺反光膜、促进果实着色。

6.2.6 连阴雨防御措施

6.2.6.1 果园排水

及时排除果园内积水,将土壤、空气的湿度减小到最低程度,避免由于水分过大引起落果、烂果、沤根等问题。

6.2.6.2 增加光照

采取铺反光膜的方法,并结合果园修剪,改变果园光、热空间分布,有利于果实着色,且能够规避由于连阴雨天气导致的果品返青问题。

6.2.6.3 防治病虫害

及时适当进行农药喷洒,预防天气转晴后因湿度大导致的苹果落叶病、黑点病等病害的发生。

6.2.6.4 及时采收

苹果采收过早或过迟均不耐贮藏,整个采收期也不宜拖延太长,一般在最适宜采收期的前后10 d内采摘完毕。应根据天气预报信息,成熟期紧抓晴好天气,采取分期采收法采收成熟果品。

6.3 主要病虫害防治措施

6.3.1 腐烂病

6.3.1.1 腐烂病特性

苹果树腐烂病主要危害主枝和枝干,形成溃疡型和枝枯型病斑。溃疡型发病初期,病部呈红褐色,水渍状,略隆起。盛期病组织松软腐烂,常流出黄褐色汁液,有酒糟味,易剥离。后期病部干缩、下陷,病部有明显的小黑点,潮湿时,从小黑点中涌出一条橘黄色卷须状物。枝枯型多发生在小枝、果台、干桩等部位,病部不呈水渍状,迅速失水干枯造成全枝枯死,上生黑色小粒点。苹果树腐烂病病菌为弱寄生菌,主要从伤口侵入,具有潜伏浸染特性,当树体或其局部组织衰弱时,便会扩展蔓延。一般 3—5 月为发病高峰期,晚春后抗病力增强,发病锐减。该病的发生与树势、伤口数目、愈伤能力、管理水平、冻害等密切相关。

6.3.1.2　防治方法

苹果树腐烂病的防治贯彻"预防为主、综合防治"的防治策略,以培养树势为中心,以及时保护伤口、减少树体带菌为主要预防措施,以病斑刮除药剂涂布为辅助手段的综合防治措施。具体措施有:

(1)加强土肥水管理。果园增施腐熟的农家肥和生物有机肥,配合使用三元复合肥,适当调减氮磷化肥用量,增加钾肥用量,并注意钙、镁、硼、锌等微量元素的配合使用,果园干旱时及时灌水。

(2)科学修剪,慎用环剥、环割技术,防止创伤过多过重。生长季节多用拉枝、揉枝技术,促进树体成形成花,减轻冬剪量,减轻树体感病概率。对因修剪等造成的伤口以及上年没有愈合的剪锯口,在修剪完成后要及时涂抹伤口愈合剂等药剂保护。

(3)严格疏花疏果。因树定产,合理留果,避免出现大小年,防止因超负荷挂果引起营养消耗过度而导致树体衰弱,以免来年春季腐烂病大发生。

(4)搞好果树防寒,减少冻伤。树干涂白防冻,在冬季土壤封冻前(约 11 月中下旬),应用涂白剂涂干防冻,要求将下部各主枝基部和中心干中部以下全部涂白。

(5)做好消毒。在修剪和病疤刮治过程中,注意对刀、剪等工具消毒;及时清除病皮、枯枝、病枝、残桩等,集中烧毁。

(6)定期检查,及时刮治。全年检查腐烂病发病情况,特别是早春和秋季腐烂病重要发病时期,发现腐烂病斑及时刮治。刮除后及时涂药。涂抹的药剂可选择噻霉酮、拂蓝克、菌毒清等涂抹剂。药剂需要连续涂抹 2～3 次,间隔 10～15 d,以防止病斑重犯。

(7)树干涂药。3 月、6 月、9 月这 3 个月每月的中下旬是腐烂病菌集中侵染和发病时期,对苹果树的主干、主枝涂刷药剂进行保护。

(8)桥接。对主干上病斑多而有较大病疤的果树,要充分利用病疤下部萌蘖枝进行桥接。无萌蘖枝的可采用单枝或多枝桥接,以利于辅助输导养分,促进树势恢复。

6.3.2　早期落叶病

6.3.2.1　早期落叶病特性

凡造成苹果树叶片提早落叶的病害统称为苹果早期落叶病。苹果早期落叶病包括褐斑病、斑点落叶病、圆斑病、灰斑病、轮斑病等,此类病害发生时,造成早期落叶,削弱树势,对苹果产量、质量影响很大。天水地区以褐斑病、斑点落叶病危害最重。以上各种病害在苹果树生长季节随气流、风雨传播,直接侵入或从伤口、皮孔侵入进行侵染,田间有多次侵染现象。高温、多雨有利于病原菌的繁殖、侵染和传播。果园密植、郁闭,通风透光不良的果园发病较重。各种落叶病防治方法基本相似。

6.3.2.2　防治方法

(1)加强土肥水管理,增施有机肥,配合使用三元复合肥,避免偏施氮肥,增强树势,提高树体抗病能力。

(2)苹果落叶后及时清扫落叶、烧毁或深埋,减少越冬菌源。

(3)合理修剪,并多采取夏季修剪措施,以改善果园及树冠的通风透光条件,恶化果园病菌滋生环境。

(4)药剂防治。自6月上旬开始,依据果园实际和降水情况,每隔15~20 d,全园喷施一次杀菌剂。所选药剂有:代森锰锌、丙森锌、朴海因、多抗霉素、戊唑醇、氟硅唑、苯醚甲环唑、丙环唑等。各种药剂可轮换使用。

6.3.3 锈病

6.3.3.1 锈病特性

苹果锈病又名苹果赤星病,是一种转主寄生菌,主要危害苹果叶片,以及果实、叶柄、嫩梢。发病严重时,常造成早期落叶,削弱树势,影响苹果产量和质量。病斑中部颜色较深,外围较淡,边缘常呈红色,中央部分形成许多橙黄色小粒点,即性孢子器,天气潮湿时,从中分泌出淡黄色黏液,黏液干燥后,性孢子器逐渐变为黑色。叶片病斑较多时,常常引起早期落叶,果实染病,病斑黄色,近圆形;嫩枝染病,病斑梭形,橙黄色,后期病部凹陷龟裂,并长出丛生的黄褐色毛状物;叶柄病状与嫩枝病状相似。苹果锈病有转主寄主的特性,必须在转主寄主桧柏等树木上越冬才能完成侵染循环,若果园周围没有转主寄主,则锈病不能发生。春季在苹果展叶后,如阴雨绵绵、降水量在50 mm以上时,有利于病菌的传播和侵染,锈病发生严重;相反,若天气干旱、雨水少,则病害发生较轻。

6.3.3.2 防治方法

(1)加强果园肥水管理,肥料以磷钾肥为主,配合其他微量元素,以增强树势,提高叶片和果实的抗病能力。

(2)采取夏季修剪措施,改善果园通风透光条件,创造有利于树体生长的环境,恶化病菌滋生环境。

(3)5月初到7月上旬,苹果园每隔15 d左右喷施一次杀菌剂,兼治其他病。喷药间隔期根据果园树体生长状况和降水情况确定。通风条件好、树体健壮、生长良好的果园可适当延长喷药间隔期,反之,则缩短喷药间隔期;降水少的季节延长喷药间隔期,降水多的季节缩短喷药间隔期,各种药剂要求轮换使用。

6.3.4 黑星病

6.3.4.1 黑星病特性

苹果黑星病又称疮痂病,可危害苹果的叶片、果实、叶柄、果柄、花、芽、花器及新梢,但以危害叶片和果实为主。叶片染病,病斑绝大多数先从叶正面产生,有少量从叶背面先发生。病斑初为淡黄绿色,呈圆形或放射状,后变为褐色至黑色。发病后期,许多病斑连在一起,致使叶片扭曲变畸,并出现大量落叶。叶柄染病,病斑呈褐色长条形,多发生在叶柄正面或侧面靠近叶片一端。果实染病,从幼果至成熟果都可受侵害。随果实生长,病斑逐渐凹陷、硬化,常发生星状开裂。幼果染病,因发育受阻而多形成畸形果。枝条染病,多发生在嫩枝前端,病斑小,枝条长大后病斑消失。苹果黑星病病菌主要在病叶中越冬,病组织上产生的分生孢子可以不断引起再侵染。一年中,苹果黑星病发病早晚和轻重程度与降水量有密切关系,早春多雨发病较早;夏季阴雨连绵,病害流行快。降水量少的年份发病程度偏轻。

6.3.4.2 防治方法

可参照苹果锈病防治方法。

6.3.5 霉腐病

6.3.5.1 霉腐病特性

苹果霉腐病主要危害果实,是天水"花牛"苹果生产的主要果实病害。其症状表现为 2 种。①霉心型。在心室内产生灰绿、灰白、灰黑等颜色的霉状物,该霉状物仅局限于心室。②心腐型。果心区果肉从心室向外层腐烂,严重时可使果肉烂透,直到果实表面。腐烂果肉味苦,感病严重的幼果,会早期脱落;轻病果可正常成熟,但在成熟期至采收后果实心室仍可发病。霉腐病病菌随着花朵开放,首先在柱头上定殖,落花后,病菌从花柱开始向萼心间组织扩展,然后进入心室,导致果实发病腐烂,果心霉烂发展严重时,果实胴部可见水渍状、褐色、形状不规则的湿腐斑块,斑块可彼此相连成片,最后全果腐烂,果肉味苦。发病果在树上果面表现发黄、未成熟失绿、果形不正或着色较早,但一般症状不明显,不易发现。此外,发病果常常大量脱落,导致减产。有的霉心果实因外观无症状而被带入贮藏库内,遇适宜条件将继续霉烂。

6.3.5.2 防治方法

(1)加强栽培管理,提高果实抗病能力,注意氮、磷、钾肥及微量元素的配合使用;采收后清除果园内的病果、病枝和杂草,刮除病皮。合理修剪,保持园内通风透光;增施有机肥料,合理灌水,及时排涝,防止地面长期潮湿。幼果形成期套袋。

(2)花期用药。于落花期连续喷施 2~3 次杀菌剂,其中,盛花期是关键,落花后喷药几乎无效。可选用的药剂有代森锰锌、多抗霉素、朴海因、腈菌唑等。

(3)果实采收后及时分级装箱,尽快在冷库中贮藏,可明显减轻霉心病的发生。

6.3.6 黑点病

6.3.6.1 黑点病特性

苹果黑点病是 20 世纪 90 年代初开始出现的又一重要病害。此病主要危害果实,症状表现复杂多样,常因品种、发生时期及发生部位不同而表现不同的症状特征。病斑最早出现于果实的萼洼附近,出现绿色或黑色细小斑点。发病严重时,在整个果面散生许多大小、形状、色泽不一的病斑。病斑以果点为中心向外扩展,中央呈绿色或褐色,上散生有针芒型小黑点。苹果黑点病的发生轻重与气候条件有关,特别是 6 月中下旬的降水。降水多的年份发病重。另外,树冠郁闭、通风透光不良的果园发病重,落叶病发生严重的果园该病发生重。

6.3.6.2 防治方法

可参照苹果早期落叶病防治方法。

6.3.7 全爪螨

6.3.7.1 全爪螨特性

别名苹果红蜘蛛,若螨和成螨均可危害植物的叶片和芽,被害叶片初期出现失绿灰白色斑点,失去光合作用,严重时叶片呈现苍灰色,背面呈暗褐色,但不落叶。芽受害后不能正常萌发,严重时枯死。苹果全爪螨以卵密布在短果枝、果台基部、芽周围和二、三年生枝条的交接处越冬,发生严重时在主枝和主干上集中连片越冬。次年春当日平均气温达 10 ℃时(4 月中旬),越冬卵开始孵化。5 月上旬为第一代成螨发生盛期,此后,随着气温升高,各虫期发育加速,产卵量增大,出现世代重叠,危害随之加重。在一般情况下,从10月上旬开始,陆续出现越冬卵。

6.3.7.2 防治方法

(1)早春防治:在越冬卵数量较大的果园,苹果发芽前用3～5波美度石硫合剂或95%机油乳剂80倍液,也可用20%四螨嗪200倍喷雾,杀灭越冬卵。

(2)生长期防治:抓住越冬卵孵化期和第二代若螨期喷药防治。喷药防治时,要根据螨口密度大小决定是否喷药。一般在6月以前,平均每叶有活动态螨3～4头时喷药;7月以后,平均每叶有活动态螨7～8头时喷药,在此指标以下可不喷药。

6.3.8 桃小食心虫

6.3.8.1 桃小食心虫特性

桃小食心虫简称桃小,俗名猴头、豆沙馅。此虫分布广泛,是天水苹果树的重要蛀果害虫。桃小食心虫仅危害果实,初孵幼虫从萼洼附近或果实胴部蛀入果内,被害果果面有针尖大小蛀入孔,孔外溢出泪珠状汁液,干后呈白色絮状物。幼虫在果内窜食,虫道纵横弯曲,并留有大量虫粪,呈"豆沙馅"状。幼果受害多呈畸形,俗称"猴头果"。

6.3.8.2 防治方法

(1)秋冬果园深翻:深翻树盘将茧埋到深处窒息致死,或翻上地表干死,或被天敌消灭。

(2)药剂处理土壤:在越冬幼虫出土盛期(5月底或6月上中旬),地面施用辛硫磷微胶囊剂,或高效氯氰菊酯300～500倍液,均匀喷施于树盘内。

(3)诱杀成虫:在果园内设置桃小性诱剂诱捕器,诱杀桃小成虫,以减少成虫数量,减轻幼虫危害。

(4)树上喷药防治:当性诱剂诱捕器连续诱到成虫,树上卵果率为0.5%～1%时,开始进行树上喷药。

(5)人工摘除虫果:经常检查果园,如发现树上虫果,及时摘除,随同地面落果,加以深埋处理。

6.3.9 苹果蚜虫

6.3.9.1 苹果蚜虫特性

在苹果种植产区广泛发生,以成蚜和若蚜聚集于苹果树新梢、嫩芽与叶片背面,吸取汁液,导致叶片向下弯曲或横卷,严重时影响新梢生长,引起早期落叶,减弱树势,降低果品的质量与产量。主要有苹果黄蚜(绣线菊蚜)、苹果瘤蚜和苹果绵蚜3种。

6.3.9.2 防治方法

(1)加强植物检疫

严禁从发生苹果蚜虫疫区调进苗木、接穗,加强果品市场的检疫监督,严把产地检疫及调运检疫关。

(2)合理修剪

剪除病虫枝、刮除虫疤,增施有机肥、复壮树势,增强其抗病虫能力。

(3)人工防治

在果树休眠期的冬季和早春,采用刀刮或刷子刷等方法,消灭越冬虫卵。

（4）根部施药

用 40％氧化乐果 1000 倍液或 50％抗蚜威 3000 倍液灌根（灌根量视果树大小而定，一般以水渗透到根系部位为佳），也可根施 10％吡虫啉可湿性粉剂 2000 倍液（5—6 月和 9—10 月蚜虫发生高峰期施）或 5％涕灭威颗粒剂 200～250g/株（4 月中旬或 10 月上中旬施药），可有效杀死寄生在根部的蚜虫，灌前先将根部周围的泥土刨开，灌后覆土。

（5）枝干涂药

在主干或主枝上，用刀具浅刮 6 cm 宽的皮环，把 10％吡虫啉（一遍净、蚜虱净）30～50 倍液用毛刷涂抹药液，每株树涂药液 5 mL，涂药后用塑料布包好，或用脱脂棉蘸药液 60 mL 均匀铺在刮皮部，然后在药棉外围包扎塑料布。4 月中旬在树干上环状涂 10％吡虫啉 50～100 倍液或 40％蚜灭多 5 倍液。

（6）树上喷药

在苹果蚜虫发生季节，及时往树上喷药。喷药时间应在苹果蚜虫发生高峰前。施药时特别注意喷药质量，喷洒周到细致，压力要大，喷头直接对准虫体，将其身上的白色蜡质毛冲掉，使药液触及虫体，以提高防治效果。

（7）注意保护利用自然天敌

已知苹果蚜虫的天敌有蚜小蜂、七星瓢虫、龟纹瓢虫、异色瓢虫、各类草蛉和食蚜虻等，其中蚜小蜂发生期长，繁殖快，控制能力强，如在 9 月中旬最高寄生率为 65％。为保护利用这些天敌，喷药时要尽量选择毒性小的药剂（如 10％吡虫啉或 20％果虫净等），在天敌活动时减少喷药。

参考文献

柏秦凤,霍治国,王景红,等,2019. 中国主要果树气象灾害指标研究进展[J]. 果树学报,36(9):1232-1234.

陈建军,王玉安,杨建宁,等,2021. 甘肃特色优势农产品——天水"花牛"苹果评价[J]. 甘肃农业科技,52(3):56-57.

郭旺文,许赟恺,张浩良,等,2020. 天水市高寒阴湿地区元帅苹果花期霜冻指标试验研究[J]. 安徽农业科学,48(19):231-234.

贾美娟,褚会民,2010. "花牛"苹果印象[J]. 西北园艺(果树),1(2):45-46.

康士勤,2009. "花牛"苹果[M]. 北京:科学出版社.

李子春,周长旭,1998. 苹果需水量与灌溉管理[J]. 节水灌溉,23(4):21-23.

刘灿盛,蒲永义,1987. 元帅系苹果品质与气象条件关系的研究[J]. 园艺学报,16(4):11-18.

马震坤,等,2009. 让世界了解"花牛" 让"花牛"走向世界[N]. 甘肃法制报,2009-9-11(A4).

申彦波,范晓青,唐千红,等,2021. 基于格点化气象数据的农产品气候品质评估方法及装置:202110378493[P]. 2021-06-29.

天水市果树研究所,2014. 天水苹果核桃大樱桃葡萄栽培技术[M]. 兰州:甘肃科学技术出版社.

天水市果业协会,2013. 天水果品生产实用技术手册[M]. 兰州:甘肃科学技术出版社.

王进鑫,张晓鹏,2000. 渭北旱塬红富士苹果需水量与限水灌溉效应研究[J]. 水土保持研究,16(1):69-72.

姚佩萍,2016. 天水"花牛"苹果产业发展问题研究. 农业经济问题[J],14(3):7-9.

姚小英,朱拥军,把多辉,等,2008. 天水市45年气候变化特征及对林果生长的影响[J]. 干旱地区农业研究,26(2):240-243.

姚小英,张强,王劲松,等,2015. 近30a陇东南旱作区特色林果水分适宜性变化特征[J]. 干旱区研究,32(2):229-234.

姚小英,马杰,李瞳,等,2017. 陇东南"花牛"苹果果实生长动态及其与热量条件的关系[J]. 中国农业气象,38(12):780-786.

姚小英,李瞳,马杰,等,2018. 陇东南"花牛"苹果产量质量与气象因子相关性研究[J]. 中国农学通报,34(4):108-112.

余优森,蒲永义,1999. 苹果品质与气象条件关系的研究[J]. 气象,17(3):24-27.

张红妮,周忠文,车向军,等,2019. 庆阳黄土高原苹果气象灾害防御措施探讨[J]. 甘肃科技,35(7):44-45.

张莲英,曹金石,2019. 天水果树科研论文集[M]. 兰州:甘肃科学技术出版社.

中国气象局,1993. 农业气象观测规范[M]. 北京:气象出版社.

ALLEN R G,PEREIRA L S,RAES D,et al,1998. Crop evapotranspiration guidelines for computing crop water requirements-FAO irrigation and drainage paper 56[M]. Rome:FAO Food and Agriculture Organization.

附　图

萌芽期　　　　　　　　　　开花期

幼果期

果实膨大期

成熟采摘期

附图1　"花牛"苹果主要发育期

附图 2　气象为农服务基地

附图3　果园受灾情况调查及直通式气象服务

· 85 ·

附图 4　"花牛"苹果品质观测

附图 5　"花牛"苹果气候品质认证报告、证书、标签、溯源二维码

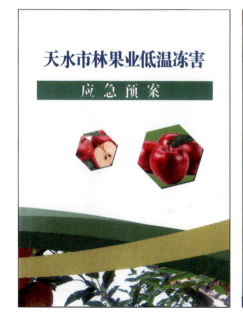

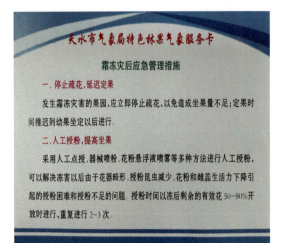

附图 6　服务手册、卡片和平台

附图7 服务工作获得奖励及果农肯定

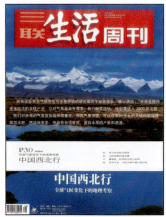

3月19日,记者在麦积区南山花牛苹果产业基地看到,果园里安装了不少设备和仪器。市气象局农试站站长姚小英告诉记者,这些仪器分别是林果小气候仪和果园防霜机。林果小气候仪能够及时检测果园内树叶、树干、土壤等的温度、湿度以及风速风向等,可以精细化地掌握果园现场的气象环境,系统每天将数据进行采集、动态监测,气象技术工作人员根据这些数据及时建议果农采取相应的措施。

中国气象局

首页　机构设置　新闻资讯　政务

当前位置:首页 > 基层台站

天水:气象服务出实招儿 果农吃下定心丸

发布时间:2021年06月07日　来源:中国气象报社

5月18日,甘肃省天水市气象局门口异常热闹,当地群众把一幅写满感谢词的锦旗送到这里。

"往年我们只在盛花期打一次'保丰灵',但今年气象局通过'天水老果农'发的低温连阴雨预报和果园管理建议,让我们意识到今年天气不同,就增加了喷洒次数,果然坐果率上来

中国气象局

首页　机构设置　新闻资讯　政务

当前位置:首页 > 基层台站

天水:气象为花牛"立功劳"

发布时间:2023年02月06日　来源:中国气象报社

2023年春节前后,是花牛苹果的销售高峰期。1月4日,记者见到了在苹果堆里忙活的甘肃省天水市张家川回族自治县荣达果品种植农民专业合作社负责人张继荣。今年的果品质量让她对丰收充满信心"今年增产增收,天水苹果气象大数据中心可是立下了汗马功

中国气象局

首页　机构设置　新闻资讯　政务

当前位置:首页 > 基层台站

天水:花牛苹果获气候品质 "特优"认证标识

发布时间:2017年10月11日　来源:中国气象报社

中国气象报通讯员王小巍 王兴 于仕琪报道 近日,花牛苹果气候品质认证报告论证会在天水市召开。西北区域气候中心、甘肃省天水市气象局、天水师范学院、天水市果树研究所、秦州区果业局等单位的相关专家对观测程序、试验过程和评估结论进行充分论证,最终确定天水市麦积区花牛镇南山坪和烟坪梁两个

中国气象局

首页　机构设置　新闻资讯　政务

当前位置:首页 > 基层台站

天水:开展花牛苹果气候品 质认证调研

发布时间:2017年06月15日　来源:中国气象报社

中国气象报通讯员李瞳报道 近日,甘肃省天水市气象局为农服务技术人员赴麦积区花牛果品农业专业合作社,开展"花牛"苹果气候品质认证前期调研工作。

苹果产量和品质优劣与生长期间的气温、湿度、降水、光照等气象条件密切相关,尤其是开花期、果实生长期和转色成熟期的气象条

附图8　媒体报道